地市供电公司企业标准汇编

资产经营及物资管理卷

开封供电公司　编

黄河水利出版社
·郑州·

图书在版编目(CIP)数据

地市供电公司企业标准汇编. 资产经营及物资管理卷/开封供电公司编. —郑州:黄河水利出版社,2011. 12
ISBN 978 - 7 - 5509 - 0168 - 1

Ⅰ. ①地… Ⅱ. ①开… Ⅲ. ①供电 - 工业企业 - 资产经营 - 标准 - 汇编 - 开封市 ②供电 - 工业企业 - 物资管理 - 标准 - 汇编 - 开封市 Ⅳ. ①F426. 61 - 65

中国版本图书馆 CIP 数据核字(2011)第 261930 号

出 版 社:黄河水利出版社

地址:河南省郑州市顺河路黄委会综合楼 14 层　　邮政编码:450003

发行单位:黄河水利出版社

发行部电话:0371 - 66026940、66020550、66028024、66022620(传真)

E-mail:hhslcbs@126. com

承印单位:河南地质彩色印刷厂

开本:787 mm × 1 092 mm　1/16

印张:4

字数:93 千字　　印数:1—1 000

版次:2011 年 12 月第 1 版　　印次:2011 年 12 月第 1 次印刷

定价:25. 00 元

《地市供电公司企业标准汇编》编委会

主　　　任:郑　盾　李春林

常务副主任:郭　亚

副　主　任:刘卫国　赵　磊　黄中华　郭　强　孟令菊　张维斌　王保民

编 审 人 员:王黎冬　胡昆岭　胡俊峰　郑　罡　高　鑫　申文琰　孙德广　王自强　刘　平　张　白　朱　峰　高付良　周世华

办公室(按姓氏笔画排序):

于年全　王黎冬　仓　华　卢　强　刘　锐　孙合法　许予江　张　红　李　莉　李志国　杨志锋　杨建军　杨耀杰　陈先见　胡昆岭　昝玉昌　殷　明　翟芳芳　翟淑慧　臧建伟　稽建国

编写人员(按姓氏笔画排序):

卫　钢　马学良　马秋芳　王　晨　王玉霞　王自强　卢　强　卢　静　申文琰　白　杨　白建亭　刘　平　刘　聪　曲丽健　朱　峰　闫凤琴　宋文斐　张　华　张电克　张　扬　张迎春　李　峥　杨　华　杨建军　肖弘旭　陈先见　陈跃丰　单志忠　周晓玲　周爱玲　侯鲁燕　胡广义　胡昆岭　胡俊峰　赵天成　赵洪波　赵海斌　赵　喜　徐　栋　徐浩然　班明献　耿百根　郭　蕴　高冬梅　高　鑫　常　颖

前　言

《地市供电公司企业标准汇编》(以下简称《汇编》)以开封供电公司为代表,收录了地市供电公司生产经营过程中的各种标准,旨在规范地市供电公司的生产经营管理活动。本汇编共包括四卷,分别为:《企业发展管理及管理基础卷》、《资产经营及物资管理卷》、《人力资源及监督管理卷》、《科技信息管理卷》。

本卷为《资产经营及物资管理卷》,包括资产经营管理篇和物资管理篇两大部分。其中,资产经营管理篇包括全面预算管理标准、固定资产管理标准、工程财务管理标准、发票管理标准、出纳管理标准。物资管理篇包括物资管理标准、物资需求计划管理标准。

本《汇编》是公司领导正确领导的结果,是各单位集体劳动的成果,凝结了各位参与者的智慧和汗水,在此向大家一并表示感谢。

受编者理论政策水平所限,本《汇编》难免存在错误疏漏之处,欢迎广大同行批评指正。

编　者

2011 年 10 月

目　录

物资管理篇

资产经营管理篇

全面预算管理标准

Q/GDW1714 2020101—2010

前　言

本标准为规范开封供电公司全面预算管理工作而制定。

制定本标准的目的是全面提高预算管理水平。

本标准中的附录 A 为规范性附录。

本标准由开封供电公司标准化建设委员会提出并归口。

本标准由开封供电公司标准化建设办公室组织起草编制。

本标准起草人:常颖

本标准编审组审核人:孙合法

本标准专业审核人:孙合法

本标准标准化建设办公室审核人:胡昆岭　郑罡　高鑫　张白　朱峰　高付良　申文琰　周世华

本标准审定人:张维斌

本标准批准人:郑盾

本标准由开封供电公司标准化建设委员会委托财务资产部负责解释。

本标准首次发布。

1　范围

本标准规定了公司全面预算管理部门的职责,管理流程与方法,监督、检查和考核的要求。

本标准适用于开封供电公司预算管理的上报、下达、调整、评价、监督与考核等工作。

2　规范性引用文件

下列文件对于本文件的应用是必不可少的。凡是注日期的引用文件,仅所注日期的版本适用于本文件。凡是不注日期的引用文件,其最新版本(包括所有的修改单)适用于本文件。

《中华人民共和国会计法》　全国人民代表大会　1999 年 10 月 31 日

《开封市电业局全面预算管理办法及实施细则》　开封市电业局　2005 年 8 月 31 日

《开封供电公司全面预算管理评价考核办法(试行)》　开封供电公司　2006 年 3 月 10 日

3 职责

3.1 预算管理委员会

3.1.1 负责审定批准预算管理办公室提出的指导原则，对其提出指导意见。

3.1.2 负责审定预算管理办公室的预算编制、审查、汇总、平衡、下发等具体工作。

3.1.3 审定公司全面预算管理制度及相关办法。

3.2 预算管理办公室

3.2.1 负责全面预算管理制度及相关办法的起草、修改、完善等工作。

3.2.2 组织实施河南省电力公司(简称省公司)下达的预算方案和经营业绩考核目标。

3.2.3 负责组织预算编制、审查、汇总、平衡、上报、下达、修订、分析、控制、报告等具体工作，并向局预算管理委员会提交预算报告草案。

3.3 财务资产部

3.3.1 负责目标利润、售电均价、成本费用、应收电热费余额年度预算指标的核定、月度预算指标的编制和日常分析工作。

3.3.2 负责农网改造还贷资金、资本性收支平衡、资产负债控制、非电力生产性企业改造项目等各项财务考核指标核定办法的制定。

3.3.3 负责年度预算指标的核定和日常分析工作的组织，负责预算考核指标的汇总、各单位相关预算指标完成情况，提出考核建议。

3.4 市场营销部

负责售电量、当月电费回收、陈欠电费回收、业务扩充项目年度预算指标的核定、月度预算指标的编制和日常分析工作。

3.5 生产技术部

负责供购电量平衡、电网规划研究费、技改项目、大修理项目、线损的年度预算指标的核定、月度预算指标的编制和日常分析工作。

3.6 人力资源部

负责工资和各项保险的年度相关预算指标的核定、月度预算指标的编制和日常分析工作。

3.7 科技信息部

负责科技投资计划、科技开发费、信息网络维护费用的年度相关预算指标的核定、月度预算指标的编制和日常分析工作。

3.8 安全监察部

负责“安措”、“反措”的年度相关预算指标的核定、月度预算指标的编制和日常分析工作。

3.9 农电发展部

负责趸售县购售电量及结构等相关预算指标的年度预算指标的核定、月度预算指标的编制和日常分析工作。

3.10 监察审计部

负责监督预算管理过程中各项规章制度贯彻落实。

4 全面预算管理流程

全面预算管理流程见附录 A。

4.1 预算管理编制原则

应遵循“自上而下、自下而上、上下结合、分级编制、逐级汇总”的程序进行。

4.2 预算编制的内容

公司预算编制包括资本性收支预算和损益预算两部分。

4.2.1 资本性收支预算

按照省公司统一时间要求,及时上报公司资本性支出需求,并根据省公司批复编制公司资本性收支预算。

4.2.1.1 预算资金来源包括省公司注入和公司自筹两大类。

4.2.1.2 省公司注入资金包括预算中统一安排的基本建设、技术改造、科技开发、业务扩充、非生产投资及还贷等各类资金。其中,技术改造资金包括当年分配的自用额度、历年自用额度结转以及本年集中使用额度等。

4.2.1.3 公司自筹资金包括在预算年度收到的超利返还、省公司对公司的单项奖励等没有指定项目的资本性资金,以及公司自行争取的地方政府补贴资金和其他单位捐赠资金等。

4.2.1.4 公司使用自用额度技改资金时,必须坚持先列预算后支出的原则,即必须将需要进行的技术改造支出项目编号列入预算,经公司预算管理委员会审批后报送省公司和申请拨付资金。

4.2.2 损益预算包括售电量、售电单价、成本费用、农网还贷资金等方面的内容。

4.2.3 公司预算的审批流程

4.2.3.1 上报审批流程

承担公司资本性收支预算和损益预算的各部门负责作出客观的预测,于 9 月 15 日上报财务部。

财务部负责对各部门报来的预算方案进行汇总,9 月 25 日前报公司预算管理办公室初审,经预算管理委员会批准后,下发各部门执行。财务部上报初审及委员会审定时,如否定该方案,由财务部负责牵头各相关部门修改调整。

4.2.3.2 下达审批流程

财务部负责牵头按照省公司下达的预算指标,编制本单位的预算指标,报公司预算管理办公室初审,经预算管理委员会批准后,下发各部门执行。财务部上报初审及委员会审定时,如否定该方案,由财务部负责牵头各相关部门修改调整。

5 预算分析

5.1 分析原则

公司及所属各单位预算管理办公室负责每月对预算执行情况进行分析,提出工作计划建议。各预算执行部门和财务部门按照职责分工分别完成各专业预算的基础分析和预算综合分析工作,规范预算管理,根据公司要实现的既定目标对各个环节进行目标管理,采取一系列的措施进行项目跟踪,及时反馈,作到合理有效的控制。

5.2 预算分析的主要内容

5.2.1 年度预算执行情况、业绩考核指标完成情况及存在的问题。

5.2.2 经营方针、经营策略、增收节支措施对损益性预算的影响。

5.2.3 资本性收支预算执行情况。

5.2.4 外部经济环境对本单位预算的影响。

5.2.5 可控成本、归口费用等指标控制情况。

5.2.6 现金流动性状况。

5.2.7 影响年度预算完成的其他因素分析。

5.2.8 解决预算执行偏差的措施。

5.2.9 全年预算完成情况的预测。

5.3 完成时间

每年10月份应全面分析预算执行情况,并通过趋势预测,及时调整四季度预算安排,确保年度预算的完成。三季度末的预算分析和预测应于10月10日前报送公司预算管理办公室。

6 预算管理评价及考核

参照《开封供电公司全面预算管理评价考核办法(试行)》。

附录 A
（规范性附录）
全面预算管理流程

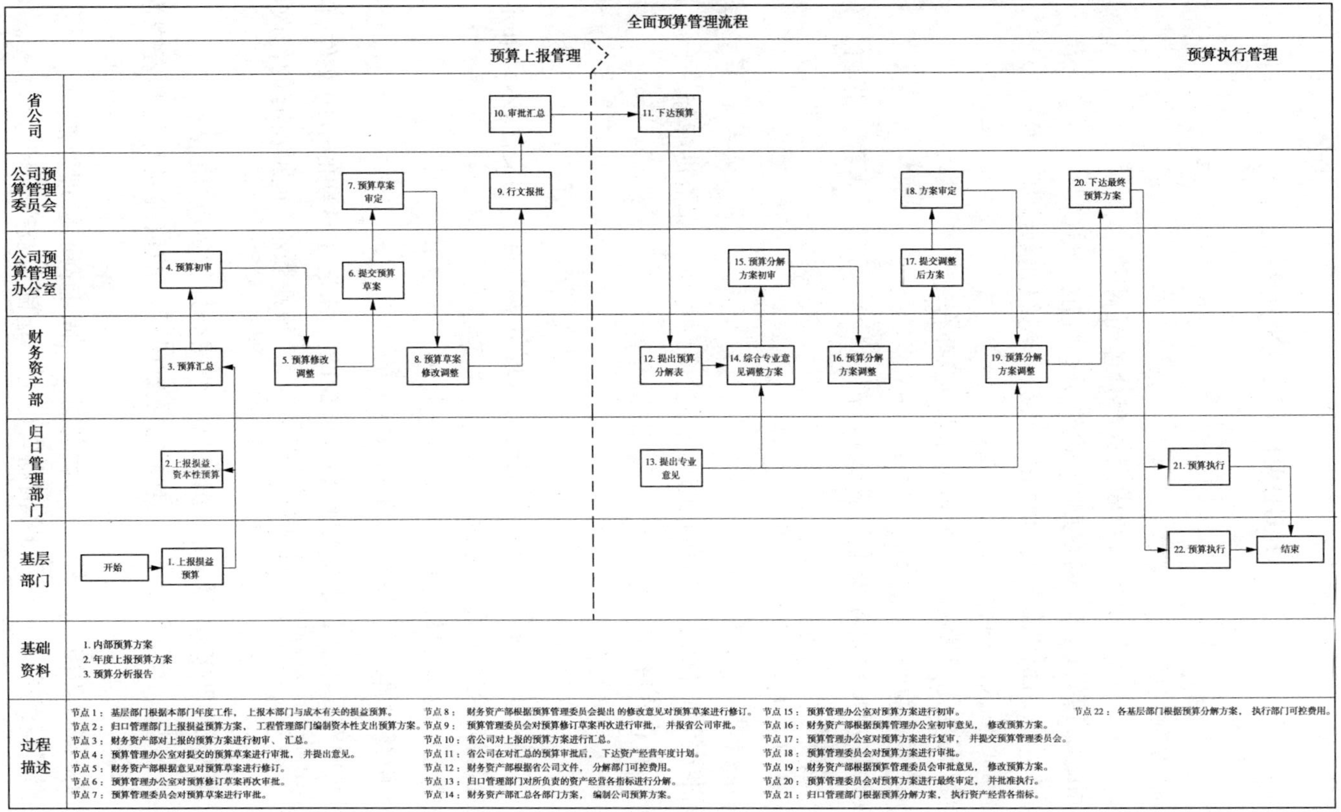

图 A.1　全面预算管理流程图

固定资产管理标准

Q/GDW1714 2020102—2010

前　言

本标准为规范开封供电公司固定资产管理而制定。

本标准由开封供电公司标准化建设委员会提出并归口。

本标准由开封供电公司标准化建设办公室组织起草编制。

本标准起草人:卢强

本标准标准化建设办公室编审组审核人:孙合法

本标准专业审核人:孙合法

本标准标准化建设办公室审核人：　胡昆岭　郑罡　高鑫　张白　朱峰　高付良　申文琰　周世华

本标准审定人:张维斌

本标准批准人:郑盾

本标准由开封供电公司标准化建设委员会财务资产部负责解释。

本标准首次发布。

1　范围

本标准规定了开封供电公司固定资产管理的规范性引用文件、术语和定义、职责与权限、管理内容与方法、检查与考核、报告与记录等要求。

本标准适用于开封供电公司固定资产管理。

2　规范性引用文件

下列文件对于本文件的应用是必不可少的。凡是注日期的引用文件,仅注日期的版本适用于本文件。凡是不注日期的引用文件,其最新版本(包括所有的修改单)适用于本文件。

国家电网财[2005]3 号　《国家电网公司会计核算办法(试行)》

国家电网财[2005]3 号　《国家电网公司资产减值准备计提和资产损失核销管理办法(试行)》

国家电网法[2010]123 号　《国家电网公司固定资产管理办法》

豫电财[2005]893 号　《河南省电力公司固定资产管理办法》

3　术语和定义

下列术语和定义适用于本文件。

3.1 固定资产

固定资产指使用年限超过一年，能够独立发挥作用的房屋、建筑物、机器、机械、运输工具及其他与生产经营有关的设备、器具、工具等；以及不属于生产经营主要设备，但单位价值较高、能够独立发挥作用且使用年限超过两年的资产。

3.2 固定资产价值管理

固定资产价值管理主要是指从价值形态及时、准确地反映固定资产的增减变动情况，保证固定资产的安全完整。

3.3 固定资产实物管理

固定资产实物管理主要是指从实物形态及时、准确地反映固定资产的增减变动情况，按技术要求对固定资产实施管理，确保固定资产的安全完整和有效使用。

4 职责与权限

4.1 固定资产管理职责

4.1.1 执行国家电网及省公司制定的固定资产管理政策，制定本公司范围内的固定资产管理制度。

4.1.2 建立健全本公司资产管理的组织体系，明确内部职责分工，落实管理责任，完善内部控制。

4.1.3 根据权限范围决定或向省公司报批本公司的固定资产购建的资本性收支预算、固定资产处置行为，并落实批复结果。

4.1.4 加强和规范固定资产的日常管理，确保资产的安全、完整，提高使用效益，贯彻省公司的折旧、修理政策，及时向省公司报送资产管理信息和各种统计资料，指导、协调、监督和检查所属部门的固定资产管理工作。

4.1.5 组织本单位固定资产管理人员的业务培训。

4.2 管理分工

公司分管领导是固定资产管理的直接领导，财务资产部是公司固定资产价值管理部门，生产技术部是固定资产实物管理部门，固定资产的具体使用、运行、维护、保管单位承担固定资产的使用保管职能。

4.3 开封供电公司财务资产部

4.3.1 制定本公司的固定资产管理制度与办法。

4.3.2 负责固定资产核算，正确计价，按规定提取折旧，及时反映其增减变动情况。

4.3.3 建立固定资产账簿和固定资产卡片，定期核查；会同实物管理部门组织固定资产清查盘点，确保账、卡、物相符。

4.3.4 会同有关部门，根据年度预算负责固定资产购建、更新改造、修理、运行维护支出的预算安排，并控制其费用。

4.3.5 会同并督促有关部门办理固定资产的增减、转移、租赁和残值回收工作。

4.3.6 负责固定资产的评估、统计工作，核定出售固定资产价格和固定资产租赁费。

4.3.7 会同有关部门做好固定资产减值准备计提工作。

4.3.8 会同生产技术部组织固定资产清查盘点，保证账、卡、物相符，建立固定资产和设备的对应关系；做好固定资产分类调整工作。

4.4 开封供电公司生产技术部

4.4.1 根据所负责管理的实物资产的类别、特点，制定具体的实物资产管理办法和实物资产维护保养制度。

4.4.2 组织和督促使用保管部门加强固定资产实物管理，建立、保管固定资产卡片副本，并与价值管理部门核对一致。

4.4.3 会同价值管理部门组织固定资产清查盘点并负责实施，保证账、卡、物相符；检查固定资产使用效益，对闲置多余、盘盈盘亏固定资产提出处理意见，负责提出固定资产减值准备提取意见。

4.4.4 组织编制和上报固定资产的更新改造、大修计划及费用预算，按批准后的预算组织实施。

4.4.5 组织更新改造及大修重点工程项目的竣工验收工作，并按规定组织编报工程结算。

4.4.6 组织审核各项固定资产的出售、调拨、报废、清理、停用、启用、拆除、租赁及内部转移等技术鉴定工作。

4.5 开封供电公司使用保管部门

4.5.1 固定资产使用保管管理是固定资产管理的基础，主要是指对使用管理的固定资产的安全运行、维护保养及检修等方面的日常管理，保证固定资产的使用及质量处于良好状态。

4.5.2 按“谁使用，谁保管”的原则，将固定资产的保管责任落实到人。

4.5.3 设置专人管理固定资产卡片副本，及时办理各项增减、变动手续，并设立固定资产登记簿，建立固定资产管理台账，动态监控固定资产运行状态，记录增减变动情况，并将信息及时反馈给实物管理部门和价值管理部门。

4.5.4 制订和贯彻执行固定资产的使用、运行、维护保养、检修等各种技术管理制度和技术档案的管理办法。

4.5.5 提出固定资产的更新改造、检修意见，提交实物管理部门统筹安排，经批准后组织实施，确保如期完成。

4.5.6 对固定资产的报废、出售、调拨等工作，会同价值管理和实物管理部门填制固定资产报废审批表和固定资产调拨单，提出书面处理意见，按规定程序鉴定、核查、审批后处置，及时收回残值交价值管理部门入账，若不能及时处置，需交物资管理部门验收入库。

4.5.7 按价值管理部门和实物管理部门的要求，定期或不定期对固定资产进行清查盘点，每年至少全面清点一次，保证卡、物相符。根据资产清查情况，配合实物管理部门提出固定资产减值准备提取意见。

4.5.8 及时做好固定资产出险通知、证据搜集、现场保护等工作，配合实物管理和价值管理部门做好索赔工作。

5 管理内容与方法

5.1 本标准依据的流程

固定资产管理流程见附录 A。

5.2 固定资产管理内容

5.2.1 固定资产管理职责划分。根据单位的实际情况,对本单位内部的固定资产管理职能进行合理界定,设置相应的管理岗位,配备相应管理人员。内部固定资产管理职能包括价值管理、实物管理和使用保管管理。

5.2.2 固定资产划分标准与分类。实物管理部门为实现固定资产的归集、统计分析、合理使用和提高使用效率等管理需要,按照《河南省电力公司固定资产管理办法》确定的标准对具体资产进行分类。

5.2.3 固定资产增加和计价。价值管理部门在办理新增固定资产入账手续时,除新增固定资产应索取的财务票据外,要将实物管理部门和使用保管部门签章确认的验收证明或资产移交证明作为原始凭证管理,以确保账、卡、物一致,确保价值管理部门、实物管理部门和使用保管部门的有关新增资产信息一致。

5.2.4 固定资产折旧和修理。固定资产折旧按照省公司规定的折旧方法、折旧年限、折旧率和预计残值率执行。财务部门应当根据固定资产目录、账簿和卡片记录等,编制固定资产分类折旧表,作为计提折旧的依据。固定资产实物管理和使用保管部门对各类固定资产应实行计划检修制度,大、中、小修理费用均应纳入公司年度财务预算管理,在实际发生时按照规定的程序计入当期成本费用。

5.2.5 固定资产使用、维护和清查。实物管理部门和使用保管部门应对固定资产实行跟踪管理,并会同价值管理部门定期或不定期对固定资产进行清查盘点,以便全面了解和掌握固定资产的使用情况和质量状况及其相应价值信息情况。固定资产价值发生变动时,财务部门应及时通知实物管理和使用保管部门,对固定资产卡片副本做相应变动记载;固定资产实物形态发生变动时,实物管理和使用保管部门应及时通知财务部门,对固定资产卡片正本做相应变动记载。

5.2.6 固定资产减少和清理。固定资产减少由单位内部经办部门根据规定负责实施,并经固定资产使用保管部门与实物管理、价值管理部门核对后,填制固定资产调拨、转让、报废、盘亏等单据,连同有关批准文件、合同、协议、单证等,报送财务部门办理固定资产清理手续。需要进行技术鉴定的,经技术鉴定通过后,连同有关资料报送财务部门办理固定资产清理手续。按照有关资产处置规定的要求,需要公司监察、审计部门参与的,按照规定办理。

5.2.7 固定资产信息化管理。按照公司信息化建设的统一部署和要求,将固定资产管理纳入企业信息化系统开发、建设和应用,建立、完善、统一和规范固定资产变动、运行维护业务流程,以一体化企业级信息系统为技术支撑,建立工程项目管理、资产实物管理与固定资产财务管理的业务协同和信息集成,逐步实现项目自动转资、资产与设备联动,确保账、卡、物的动态一致。

5.3 固定资产管理方法

合理设定工作流程，完善内部控制制度，避免出现部门之间管理工作脱节，确保实物管理与价值管理一致。

6 检查与考核

6.1 检查与考核内容

根据绩效管理办法，由财务资产部会同相关各职能部门对固定资产管理工作进行检查监督，提出考核意见和建议。

6.2 主要考核指标

表1列出了固定资产管理的主要考核指标。

表1 主要考核指标

序号	考核指标	考核标准	负责岗位	所属部门	监督部门
1	固定资产增减变动手续传递的及时性	主观原因迟延1天扣5分	资产管理专责	生产技术部	
2	固定资产增减变动手续的完整性、准确性	主观原因差错每项扣5分	资产管理专责	生产技术部	
3	固定资产的正常运行、使用	主观造成每项扣5分	资产保管专责	各使用保管部门	
4	固定资产价值核算准确性	出现每项差错扣5分	资产管理专责	财务资产部	
5	固定资产清查、清查结果上报及处理的及时性和正确性	出现每项扣5分	资产管理专责	相关各部	

7 报告与记录

表2列出了本标准形成的报告与记录。

表2 固定资产管理报告与记录汇总表

序号	报告与记录编号	报告与记录名称	填写人	保存地点	保存形式	保存期限
1	Q/GDW 1714 2020102—2010 - R01	固定资产管理考核表	相关各部考核专责	相关各部	纸质文本	1年

附录 A
（规范性附录）
固定资产管理流程

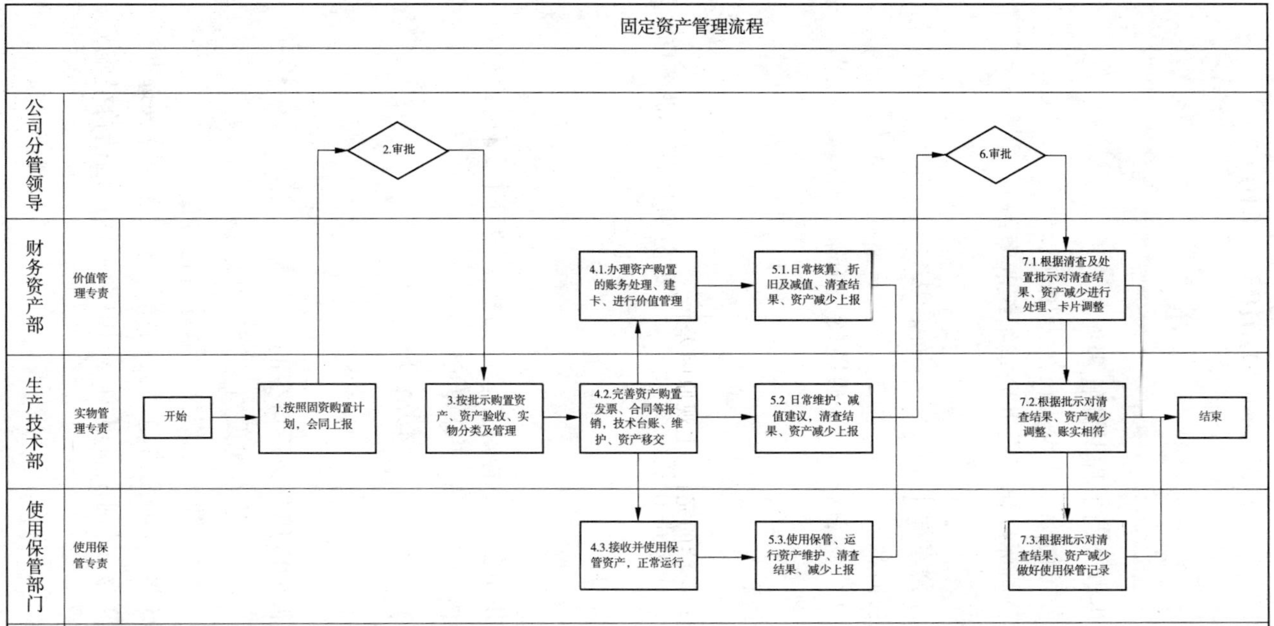

基础资料

1.固定资产的增减变动材料说明，各种购置、清查、处置材料及相关财务核算凭证等资料
2.固定资产的台账、卡片、资产清查情况及资产处置等资料
3.固定资产使用、保管及运行记录等资料

过程描述

节点1：生产技术部根据计划会同财务资产部等上报审核批准购置。
节点2：分管领导按照审批程序批准购置计划。
节点3：根据批示进行资产购置、完善各种票据等资料，做好报销的准备工作。
节点4：财务资产部、生产技术部按照各自职责购置资产并分别纳入本部管理，资产使用保管部门接收并使用和保管资产，确保运行正常。
节点5：各部门按照各自的职责对固定资产进行价值和实物管理，包括折旧计提、减值准备等，会同实施资产清查并将清查结果以及资产处置等事项进行上报。
节点6：分管领导根据各部上报的清查结果及资产处置情况进行批示。
节点7：各部门根据批示分别对清查结果和资产减少等情况进行价值、资产卡片、实物台账等调整，确保账、物、卡相符。

图 A.1　固定资产管理流程图

工程财务管理标准

Q/GDW1714 2020103—2010

前　言

本标准为规范开封供电公司工程财务管理而制定。

本标准由开封供电公司标准化建设委员会提出并归口。

本标准由开封供电公司标准化建设办公室组织起草编制。

本标准起草人:卢强

本标准标准化建设办公室编审组审核人:孙合法

本标准专业审核人:孙合法

本标准标准化建设办公室审核人: 胡昆岭 郑罡 高鑫 张白 朱峰 高付良 申文琰 周世华

本标准审定人:张维斌

本标准批准人:郑盾

本标准由开封供电公司标准化建设委员会委托财务资产部负责解释。

本标准首次发布。

1　范围

本标准规定了开封供电公司工程财务管理的规范性引用文件、术语和定义、职责与权限、管理内容、检查与考核、报告与记录等要求。

本标准适用于开封供电公司工程财务管理。

2　规范性引用文件

下列文件对于本文件的应用是必不可少的。

财建[2002]394 号　《基本建设财务管理规定》

财建[2004]369 号　《建设工程价款结算暂行办法》

豫电工程[2008]795 号　《河南省电力公司输变电工程结算管理办法》

豫电工程[2008]799 号　《河南省电力公司电网工程控制造价措施》

3　术语和定义

下列术语和定义适用于本标准。

工程

本标准工程包括:基建工程、技改工程、业扩工程、配网工程和其他工程。

4 职责与权限

4.1 工程财务管理职责

4.1.1 贯彻执行国家、国家电网公司及省公司有关工程建设的财务管理规章制度及办法，制定并完善本单位有关工程项目的财务内控制度。

4.1.2 按照工程管理的相关规定，单独核算项目的工程成本，控制支出，节约投资。

4.1.3 按工程进度及时请领、管理和拨付工程资金，保证工程资金的安全，承担建设资金安全责任。

4.1.4 参与工程项目的招投标、合同签订、竣工验收及概算清理等相关工作。

4.1.5 根据合同、验工计价、发票等资料，办理工程资金、征迁补偿及物资设备款的支付和清算。

4.1.6 监督、检查拨付施工单位工程款的使用情况，确保项目建设顺利进行。

4.1.7 工程验收后及时办理资产交付和固定资产结转，保证资产真实、完整。

4.1.8 编报工程资金预算、工程款支付、财务结算和竣工财务决算。

4.1.9 依法接受审计和检查，及时整改发现的问题。

4.2 管理分工

公司分管领导是工程财务管理的直接领导；财务资产部是工程资金支持、工程成本核算部门；各相关职能部门是工程财务管理的配合部门。

4.3 开封供电公司财务资产部

4.3.1 负责在建工程的核算，及时、正确、完整地记录和反映在建工程的支出。按照工程项目分别设置账户，核算工程成本，项目竣工后，按规定及时结转工程成本，增加固定资产。

4.3.2 认真执行国家有关的财经法规和财务制度，严格划分在建工程资金的来源渠道和使用范围，监督工程资金的合理运用，提高资金使用效益。

4.3.3 根据工程计划、施工合同，结合工程进度，负责工程进度款的拨付。

4.3.4 工程竣工后，要求施工部门及施工管理部门，及时办理竣工决算，并对竣工决算认真审查，严格把关，发现问题，应及时与有关领导和人员联系并妥善处理。

4.3.5 对在建工程每季度进行一次分析，监督在建工程计划的执行情况，发现问题及时采取措施，不断提高管理水平。

4.4 开封供电公司各相关职能部门

4.4.1 根据规划和年度计划，安排和编制年度工程计划并报主管部门批准后，组织编制工程概预算。

4.4.2 按规定程序组织工程项目的招投标工作，代表公司与设计、施工、监理等单位签订合同。

4.4.3 认真组织施工，对分管的工程项目实行全过程的监督，确保工程质量符合国家要求，并对施工质量负责。

4.4.4 组织对在建工程的分析。一般情况下，每季度分析一次，对重大工程，应结合实际进行定期分析，及时发现问题，采取有效措施。

4.4.5　对在建工程进行监督，经常深入施工现场，掌握工程进度，控制工程计划和工程造价。按时报送工程进度表，据以拨付工程款并监督工程资金的合理使用。

4.4.6　工程竣工后，及时组织有关部门进行工程验收评价和编制工程决算，按照规定认真审查工程预决算，并对工程决算的完整性、真实性负责，负责报送有关部门审查。

4.4.7　工程竣工后，及时组织对工程进行验收，并负责组织办理财产交付使用手续。

5　管理内容与方法

5.1　本标准依据的流程

工程财务管理流程见附录 A。

5.2　工程财务管理内容

5.2.1　加强建设资金存储和使用的管理：

a）根据工程项目的投资计划、支出预算、合同及工程进度，逐级申请领用建设资金，报送月度用款预算。

b）按照批准的设计文件、项目概算、年度工程预算、年度投资概算分章节计划、合同、经审核签认的验工计价（或有效票据）和工程进度拨付建设资金。

c）按照合同约定办理工程价款结算，合同未作约定或约定不明的应及时签订补充协议。

d）质量保证金的管理。建设项目必须根据确认的竣工结算报告按不低于工程价款结算总额的 5% 预留工程质量保证金，工程质量保证金的比例和返还时间应考虑财政评审的情况在合同中约定。

e）建设资金的使用及监控。严格执行大额资金使用联签制度。对建设资金支付进行实时监控，确保建设资金的安全和正常使用。审计、监察等部门应按照各自权限，履行财务监督检查职能。

5.2.2　强化会计核算，控制建设成本：

a）按项目建账和明细核算，或通过设置工程成本辅助账，详细记录和真实反映项目章节的建设成本。同一个建设项目，不同性质的建设资金，应在同一会计账套内管理和核算。

b）根据工程支出的性质，分别按建筑安装工程投资、设备投资、待摊投资和其他投资对工程成本进行明细分类核算，依据合同、验工计价和发票等计列投资支出，并按工程件名、批准的设计概算、工程支出预算、投资计划等实施总额控制。禁止超概算、超计划列支工程成本，禁止挤列工程成本。

c）会同监理单位依据工程实际完成情况，审核并批复验工计价，禁止高估冒验和虚验。依据审核签章的验工计价列记工程成本。工程项目在竣工时要进行全面清理，按批准的概算进行末次验工计价。

d）拨付施工单位的预付工程款和支付供货厂商的预付设备款，以及拨付其他配合单位的协议款，应在“预付工程款”科目核算，严禁“以拨代支”直接列入建设成本。收款单位应提供合法票据和验工计价，经审核批准后作为列记工程成本的依据。

5.2.3　及时办理资产交付和编制竣工财务结算、决算。

a）工程完工后，根据签认的资产验收及移交交接记录列账或调整已估价入账的资产价值。

b）加大施工图预算、工程结算、决算的管理力度，在建设委托合同中必须明确施工图预算编制和工程结算办法，使工程结算的编制规范化、程序化，为工程竣工决算打好基础，达到控制工程造价、提高经济效益的目的。

c）按照规定的编制原则及模板编制工程结算，不得以初设审定概算代工程结算，工程结算必须有造价分析、投资使用情况说明，对超支部分分析原因。严格工程结算审查制度，不合理的费用不得进入工程结算，提高工程结算编制的准确性。220千伏及以上工程竣工投产3个月内完成工程结算并编制成册报省公司审查，为竣工决算打好基础，6个月内完成竣工决算，110千伏及以下工程竣工投产1.5个月内完成工程结算，3个月内完成工程竣工决算并编制成册报省公司审查。

d）依据合同条款、中标通知书、招标文件和有关工程结算管理规定编制工程竣工结算、决算，基本预备费未经省公司审批不得随意动用，对工程预算外的费用要严格控制，对于未按图纸要求完成的工作量及未按规定执行的施工签证一律核减费用；凡合同条款明确包含的费用，属于风险费包含的费用，未按合同条款履行的违约等一律核减费用，由于施工单位原因造成的返工费用不得进入工程结算；严格把好审核关。对工程量的审核应根据施工承包合同要求，对施工过程中出现的设计变更、现场签证等进行审核，不能多算或不按规则计算，不能只计调增量不计调减量，设计变更和签证手续应齐全。

e）工程结算项目是已完工并验收合格的工程项目，对因故未完的不影响工程正常生产的少量尾工工程可按审定概算金额预列入工程结算，但工程必须限时完工，并在财务竣工决算时据实结算。

f）依据工程结算的实际成本和有效凭据编制竣工决算，严格资金支付程序与控制额度，杜绝多计超付工程费用情况；规范核算建设成本，准确编制竣工决算，按照规定，规范、准确结转资产，切实保证建设造价与资产价值吻合，建成结果与资产实体一致，保证资产完整、有效。

g）竣工决算编制完成并经审核批准后，按规定将与工程项目有关的会计档案、竣工财务决算、工程明细资料等移交。

6　检查与考核

6.1　检查与考核内容

根据绩效管理办法，由财务资产部对工程财务管理工作进行检查监督，提出考核意见和建议。

6.2　主要考核指标

表1列出了工程管理的主要考核指标。

表1　主要考核指标

序号	考核指标	考核标准	负责岗位	所属部门	监督部门
1	工程用款计划制定延迟天数	延迟1天扣1分	工程管理专责	财务资产部	
2	工程资金及工程成本核算准确性	出现错误1次扣2分	工程管理专责	财务资产部	
3	竣工决算、转固及往来清理及时性	延迟1天扣2分	工程管理专责	财务资产部	

7　报告与记录

表2列出了本标准形成的报告与记录。

表2　工程财务管理报告与记录汇总表

序号	报告与记录编号	报告与记录名称	填写人	保存地点	保存形式	保存期限
1	Q/GDW 1714 2020103—2010 - R01	工程管理 考核表	相关各部 考核专责	相关各部	纸质文本	1年

附录 A
（规范性附录）
工程财务管理流程

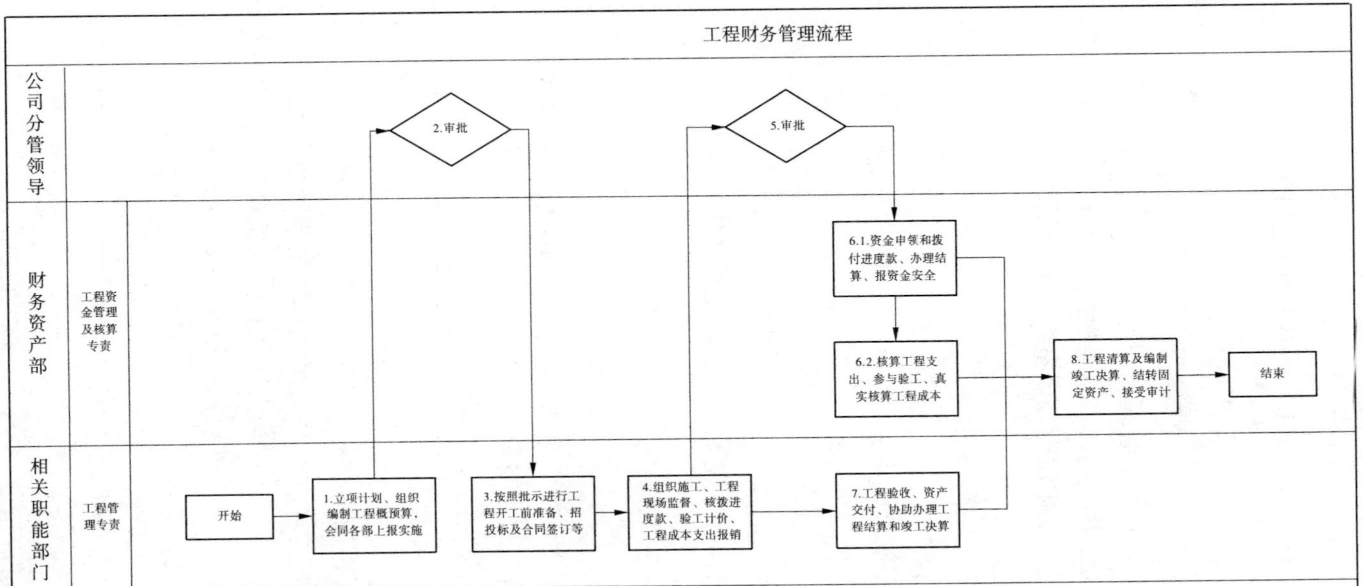

基础资料

1.工程计划、立项及批复、初可研及可研、概预处及核准、招投标及合同、相关财务核算凭证等资料

2.工程技术资料、施工及监理日志、设计和施工变更及核批资料等

3.工程完工验收、资产交付、竣工结算及决算等资料。

过程描述

节点1：相关职能部门根据工程计划，报批工程立项，组织编制概预算批复等上报领导批准工程项目，开始进入施工阶段。

节点2：分管领导按照程序批准各项工程按计划具体实施。

节点3：按照批示进行工程开工前准备、招投标及合同签订，各种手续完善等。

节点4：组织工程开工及实施、工程现场监督，按规定进行验工计价和工程进度款的核拨，完善各种支出报销单据并列报工程支出等。

节点5：分管领导按照程序审批。

节点6：根据工程资金计划申领资金并按照工程进度、合同、预算等拨付进度款项，按照规定参与验工计价和支出票据的审核，按规定核算并真实反映工程支出。

节点7：工程完工，相关职能部门组织工程验收和资产交付。

节点8：财务资产部和相关部门共同组织工程结算和竣工决算的编制和上报，接受上级审计和检查。

图 A.1　工程财务管理流程图

发票管理标准

Q/GDW1714 2020104—2010

前　言

本标准为规范开封供电公司发票管理而制定。

本标准由开封供电公司标准化建设委员会提出并归口。

本标准由开封供电公司标准化建设办公室组织起草编制。

本标准起草人:卢强

本标准编审组审核人:孙合法

本标准专业审核人:孙合法

本标准标准化建设办公室审核人：　胡昆岭　郑罡　高鑫　张白　朱峰　高付良　申文琰　周世华

本标准审定人:张维斌

本标准批准人:郑盾

本标准由开封供电公司标准化建设委员会委托财务资产部负责解释。

本标准首次发布。

1　范围

本标准规定了开封供电公司发票管理的规范性引用文件、术语和定义、职责与权限、管理内容与方法、检查与考核、报告与记录等要求。

本标准适用于开封供电公司的发票管理。

2　规范性引用文件

下列文件对于本文件的应用是必不可少的。

财政部令[1993]第6号　　《中华人民共和国发票管理办法》

国税发[1993]第157号　　《中华人民共和国发票管理办法实施细则》

国税发[2006]第156号　　《增值税专用发票使用规定》

3　术语和定义

下列术语和定义适用于本文件。

3.1　发票

发票是指在购销商品、提供或者接受服务以及从事其他经营活动中,开具、收取的收付款凭证。增值税专用发票必须由国家税务总局统一印制;其他发票由省以下税务机关批准,指定企业印制,未经税务机关批准,均不准印制发票。

3.2 发票的内容

发票的名称、字轨号码、联次及用途、客户名称、开户银行及账号、商品名称或经营项目、计量单位、数量、单价、大小写金额、开票人、开票日期、开票单位名称等。对增值税专用发票还应包括:购货人地址、购货人税务登记号、增值税税率、税额、供货方名称、地址及其税务登记号。

4 职责与权限

4.1 管理分工

4.1.1 公司分管领导是发票管理的直接领导;财务资产部是发票管理的归口管理部门;公司各有关职能部门是发票的直接使用部门,也是发票管理的配合部门。

4.2 开封供电公司财务资产部

4.2.1 负责发票有关的法规、规章及办法的宣传、解释和落实。

4.2.2 制定公司有关发票的管理办法和具体操作规范。

4.2.3 负责公司发票的领购、使用发放、审核、结报和保管工作。

4.2.4 指导各业务职能部门正确使用发票。

4.2.5 对发票在使用过程中产生的问题进行协调处理。

4.3 开封供电公司有关职能部门

4.3.1 公司各发票使用部门是发票管理的配合部门。

4.3.2 配合财务资产部做好发票管理工作。

4.3.3 按照规定开具发票。

5 管理内容与方法

5.1 本标准依据的流程

发票管理流程见附录 A。

5.2 发票管理

5.2.1 发票领购。财务资产部是公司发票管理的负责部门,我公司所需用的发票(不包括多经企业)由公司财务资产部按照国家有关规定统一向税务机关申请印制或领购。

5.2.2 发票使用发放。财务资产部对领购的发票必须建立发票登记簿,对发票的购入、领出和结存分别按发票类别和序号,认真进行登记,并由经办人签字。发票发放按照验旧领新的办法进行。

5.2.3 发票审核。财务资产部对发票使用部门交回的已使用发票进行认真审核,具体要求如下:

a)字迹清楚,按顺序填开。

b)项目填写齐全。

c)不得涂改,如填写有误,应另行开具发票,并在误填的发票上注明“误填作废”字样,全份保存,若发票开具后因购货方不索取成为废票的,也应按填写有误办理。

d)票物相符,票面金额与实际收取的金额相符。

e)各项内容正确无误。

f)全部联次一次填开,上下联的内容与金额一致。

g)对增值税专用发票,发票联和抵扣联应加盖财务专用章或发票专用章。

h)不得开具伪造的发票,不得虚开或代开发票。

i)不得拆本使用发票。

5.2.4 发票结报。财务资产部将已经使用并审核通过的发票报税务机关审验并再次领购发票。

5.2.5 发票保管。财务资产部对各种发票应建立发票登记簿,对未使用和已使用过的发票分别按照发票类别和序号进行登记,专库或专柜存放,定期进行检查并做到五防:防火、防盗、防丢失、防霉烂、防虫蛀,发现问题及时处理。

5.3 其他

5.3.1 公司各发票使用部门,应严格按照规定管理发票,如发现发票丢失、被盗,必须在当天报公司财务资产部,由财务资产部按规定向税务机关报告。

5.3.2 公司财务资产部和各发票使用部门应接受税务机关依法对发票的领购、使用、保管和结报情况的检查,由于管理或使用不当,给企业造成经济损失的,公司将追究有关部门及责任人的责任。

5.3.3 公司各职能部门的领导和公司财务资产部,对报销的发票要认真审查,严格把关,对不符合规定的发票,不准报销,应取得增值税发票的,不得使用普通发票及收据报销。

6 检查与考核

6.1 检查与考核内容

根据绩效管理办法,由财务资产部对发票管理工作进行检查监督,提出考核意见和建议。

6.2 主要考核指标

表1列出了发票管理的主要考核指标。

表1 主要考核指标

序号	考核指标	考核标准	负责岗位	所属部门	监督部门
1	未正确领购发票种类和数量	出现1次扣5分	发票管理专责	财务资产部	财务资产部
2	未按规定规范开具发票	发现1份扣2分	发票开具专责	相关各部	财务资产部
3	未按规定保管妥善发票	发现1次扣5分	发票管理专责	财务及相关各部	财务资产部

7 报告与记录

表2列出了本标准形成的报告与记录。

表2 发票管理报告与记录汇总表

序号	报告与记录编号	报告与记录名称	填写人	保存地点	保存形式	保存期限
1	Q/GDW1714 2020104—2010 - R01	发票管理考核表	财务资产部考核专责	财务资产部	纸质文本	1年

附录 A
（规范性附录）
发票管理流程

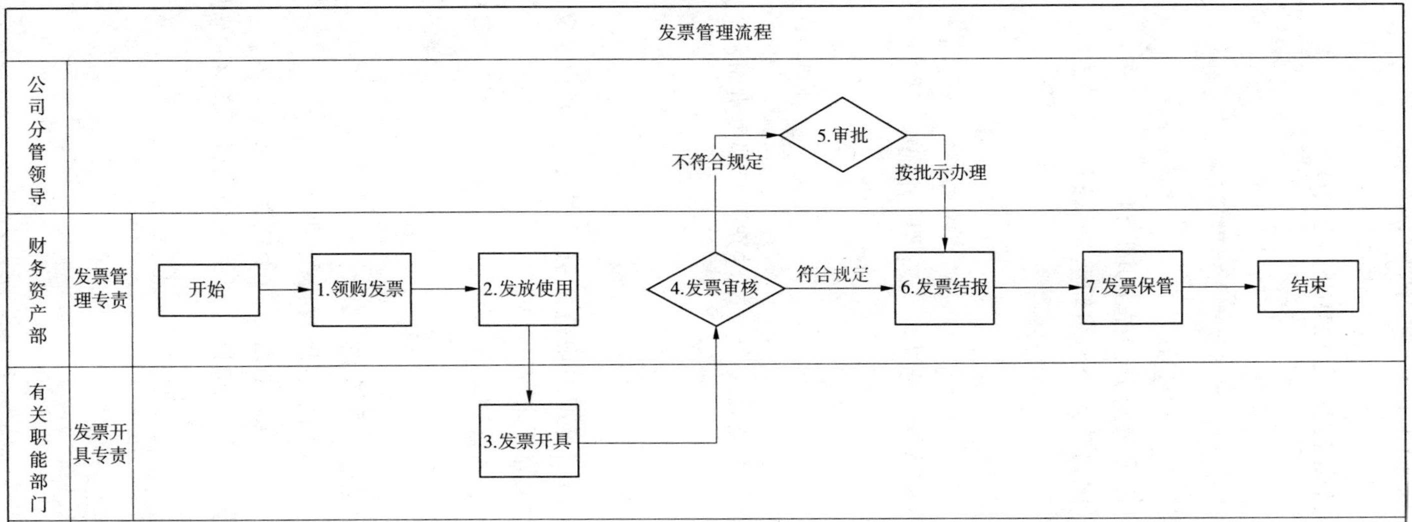

基础资料	1.发票领购登记簿 2.发票领用发放签字簿 3.发票管理有关规定和办法
过程描述	节点1：财务资产部根据实际情况确定所需发票种类及数量，到所属税务机关领购发票。 节点2：财务资产部将领购的发票进行登记，在发票领用人签字后发放相应发票。 节点3：发票开具人按照规定和业务发生的规范开具发票，并及时提交财务资产部进行发票审核。 节点4：财务资产部对已经使用过的发票进行审核，对于符合规定的进入发票直接进行发票结报，对于不符合规定的要上报分管领导并按照指示进行处理并结报。 节点5：对经税务机关审核结报的发票存根进行妥善保管。

图 A.1　发票管理流程图

出纳管理标准

Q/GDW1714 2020105—2010

前　言

本标准为规范开封供电公司出纳管理而制定。

本标准由开封供电公司标准化建设委员会提出并归口。

本标准由开封供电公司标准化建设办公室组织起草编制。

本标准起草人:卢强

本标准编审组审核人:孙合法

本标准专业审核人:孙合法

本标准标准化建设办公室审核人:　胡昆岭　郑罡　高鑫　张白　朱峰　高付良　申文琰　周世华

本标准审定人:张维斌

本标准批准人:郑盾

本标准由开封供电公司标准化建设委员会委托财务资产部负责解释。

本标准首次发布。

1　范围

本标准规定了开封供电公司出纳管理的规范性引用文件、术语和定义、职责与权限、管理内容、检查与考核、报告与记录等要求。

本标准适用于开封供电公司出纳管理。

2　规范性引用文件

下列文件对于本文件的应用是必不可少的。

国务院令[1988]第12号	《现金管理暂行条例》
银发[1988]第288号	《现金管理暂行条例实施细则》
国家电网财[2004]第349号	《国家电网公司关于资金管理的若干规定》

3　术语和定义

下列术语和定义适用于本标准。

出纳

出纳是按照相关制度和规定,办理本单位现金收付、银行存款和其他货币资金结算及相关账务,保管库存现金、有价证券、银行印章及票据等工作的总称。

4 职责与权限

4.1 管理分工

公司财务资产部是出纳的归口管理部门，本部主任是出纳专责的直接领导；公司各职能部门是出纳管理的配合部门，其经办专责是出纳管理的直接对象。

4.2 公司财务资产部出纳专责

4.2.1 对现金和银行存款的安全性、准确性负责。

4.2.2 对其他货币资金（如银行承兑汇票、商业承兑汇票等）的安全性、准确性负责。

4.2.3 对现金票据（如支票、现金收据等）的保管和正确使用负责。

4.2.4 对银行票据及印签的保管和正确使用负责。

4.2.5 及时、完整和准确地处理现金、银行存款及其他货币资金的收付款业务。

4.2.6 有权拒绝办理不符合资金管理规定或违反财务制度规定的付款业务并依法向上级报告。

4.3 公司各职能部门经办专责

4.3.1 熟悉并掌握本公司资金收付的相关规定和业务流程，并指导本部业务人员遵照执行。

4.3.2 根据收款业务的实际情况，收取资金并填制相应单据等财务凭证，并及时交由财务资产部处理。

4.3.3 按照付款业务的报批程序，从预先借支款项中支付或交由出纳办理转账手续，并索取真实、合法、完整的资金收付票据等财务凭证。

4.3.4 按照公司的报销程序将审批后的财务凭证交由财务资产部办理并建立相关业务台账以便备查。

5 管理内容

5.1 本标准依据的流程

出纳管理流程见附录 A。

5.2 管理内容

5.2.1 根据现金和银行存款管理规定，办理现金和银行存款的收付款业务，妥善保管现金和空白支票、电汇凭证、汇票申请书等票据。

5.2.2 正确签发各类支票和其他结算凭证，收款单位的名称必须与开具发票的单位名称一致，有合同的付款事项开具的收款单位名称及银行账号必须与合同载名的单位名称与银行账号一致，且必须经由本单位领导和经办人员签字批准后方能办理结算。

5.2.3 借出支票必须凭有权批准人签字同意的支票借据，由借支票人在票据登记簿签字，并填写领用人的姓名、日期、收款单位的名称及银行账号、资金用途及金额，严禁借出不填写任何内容的空白支票。要按时收回借出支票的存根及相应票据，及时进行处理，以免遗失。

5.2.4 原则上不签发空白支票，必须签发空白支票时要进行登记，由支票领用人在票据登记簿签字并在摘要栏写明领用人的证件号码和姓名、日期、资金用途及限额等。要按时收回所领支票的存根及相应票据及时进行处理，以免遗失。
5.2.5 不签发空头支票，不漏盖支票印签，不出借银行账户，不为任何单位和个人在本单位银行账户办理一收一付的结算业务。
5.2.6 在审核相应手续后办理现金及银行存款的收付款业务并及时进行填制会计凭证。
5.2.7 对已办理过的现金凭证，加盖"现金收讫"、"现金付讫"章，并在记账凭证上签章。
5.2.8 对已办理过的银行凭证，加盖"银行收讫"、"银行付讫"章，并在记账凭证上签章。
5.2.9 严格执行库存现金限额规定，超过限额部分及时送存银行，低于限额时应及时补充，以保证生产经营活动的需要。
5.2.10 负责编制资金用款计划及现金和银行存款余额表。
5.2.11 银行印鉴必须由两人以上分别保管。
5.2.12 每周查询账户余额两次，本单位的银行帐户属于企业秘密，除向财务负责人汇报及部内有关人员需要告知外，不得对任何人透露。
5.2.13 每天下班前要清点现金及银行凭证，做到日清月结，做到账款相符，如有差错应立即查明原因，并如实汇报，不得隐瞒事实真相。
5.2.14 协助对账人员及时编制银行余额调节表，定期清理有关未达账项。
5.2.15 阅办本岗位的文件制度及负责编写本岗位的工作总结等。
5.2.16 创新工作思路，对建立和健全有关本岗位工作的制度、措施、方法等提出建议和意见。
5.2.17 完成本部主任和主管会计交办的其他工作任务。

6 检查与考核

6.1 检查与考核内容

根据公司绩效管理办法，由财务资产部对出纳管理工作进行检查监督，提出考核意见和建议。

6.2 主要考核指标

表1列出了出纳管理的主要考核指标。

表1 出纳管理的主要考核指标

序号	考核指标	考核标准	负责岗位	所属部门	监督部门
1	现金、银行存款、印鉴及各种票据出现丢失情况的次数	出现1次丢失情况扣5分	出纳管理专责	财务资产部	ERP财务系统
2	现金、银行存款、印鉴及各种票据出现错误情况的次数	出现1次丢失情况扣2分	出纳管理专责	财务资产部	ERP财务系统

续表 1

序号	考核指标	考核标准	负责岗位	所属部门	监督部门
3	现金、银行存款、印鉴及各种票据使用延迟的天数	延迟 1 d 扣 1 分	出纳管理专责	财务资产部	ERP 财务系统
4	网上银行出现泄密或丢失情况的次数	出现 1 次丢失情况扣 5 分	出纳管理专责	财务资产部	网上银行系统
5	网上银行业务处理出现错误的次数	出现 1 次错误扣 2 分	出纳管理专责	财务资产部	网上银行系统
6	网上银行业务处理延迟的天数	延迟 1 d 扣 1 分	出纳管理专责	财务资产部	网上银行系统

7 报告与记录

表 2 列出了本标准形成的报告与记录。

表 2 出纳管理报告与记录汇总表

序号	报告与记录编号	报告与记录名称	填写人	保存地点	保存形式	保存期限
1	Q/GDW1714 2020105—2010－R01	出纳考核上报表	财务资产部考核专责	财务资产部	纸质文本	1 年

附录 A
（规范性附录）
出纳管理流程

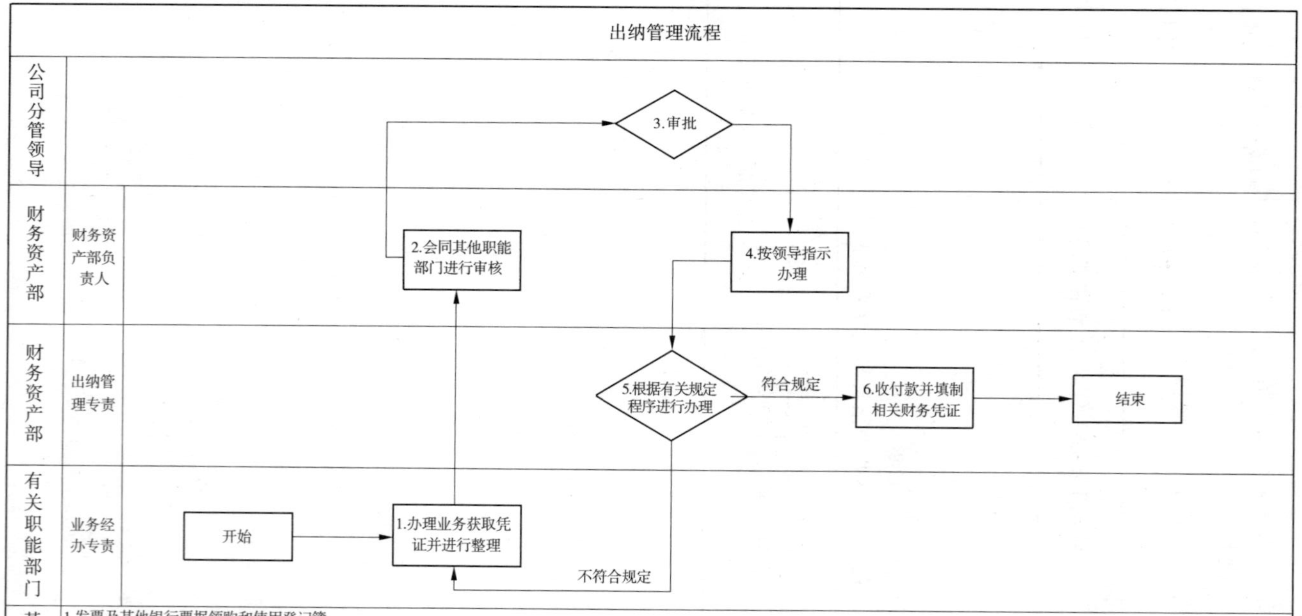

基础资料

1.发票及其他银行票据领购和使用登记簿
2.现金、银行存款和其他资金的收付票据和单据
3.各种现金及银行存款的收付款日记账、记账凭证及原始票据等资料

过程描述

节点1：各职能部门的业务人员经办各种业务，收取资金并填制单据或支付款项并索取相应票据，经办专责对其进行整理，报相关审批部门进行审核。
节点2：财务资产部会同其他职能部门进行审核，对于符合规定的报上级领导审批。
节点3：分管领导对经各职能部门审核通过的凭证单据按规定进行批示办理。
节点4：出纳专责根据经各职能部门负责人及分管领导审批的财务单据进一步核查，对于符合规定的按批示办理并填制相关财务凭证，否则退回业务经办专责进行整改。
节点5：业务经办专责将审核通过的业务资料进行整理归档并建立相应台账，经便备查。

图 A.1　出纳管理流程图

物资管理篇

物资管理标准

Q/GDW1714 2100101—2010

前　言

本标准为规范开封供电公司物资管理而制定。

本标准由开封供电公司标准化建设委员会提出并归口。

本标准由开封供电公司标准化建设办公室组织起草编制。

本标准起草人:方斌　侯鲁燕

本标准标准化建设办公室编审组审核人:稽建国

本标准专业审核人:稽建国

本标准标准化建设办公室审核人:　胡昆岭　郑罡　高鑫　张白　朱峰　高付良　申文琰　周世华

本标准审定人:郭亚

本标准批准人:郑盾

本标准由开封供电公司标准化建设委员会委托物流服务分中心负责解释。

本标准首次发布。

1　范围

本标准规定了开封供电公司物资管理的职责与权限、管理内容与方法以及检查与考核、报告与记录等要求。

本标准适用于开封供电公司物资管理。

本标准所称物资管理范围是指用于公司生产、建设、经营的设备和材料,以及大宗办公用品、消耗性物资等。

2　规范性引用文件

下列文件对于本文件的应用是必不可少的。凡是注日期的引用文件,仅注日期的版本适用于本文件。凡是不注日期的引用文件,其最新版本(包括所有的修改单)适用于本文件。

《中华人民共和国合同法》(1999 年 3 月 15 日第九届全国人民代表大会第二次会议通过)

《中华人民共和国统计法》(1983 年 12 月 8 日第六届全国人民代表大会常务委员会第三次会议通过,根据 1996 年 5 月 15 日第八届全国人民代表大会常务委员会第十九次会议《关于修改〈中华人民共和国统计法〉的决定》修正)

《河南省电力公司物资管理规章制度》

《国家电网公司物资管理办法(试行)》

3 职责与权限

3.1 职责

3.1.1 开封供电公司物流服务分中心职责：

3.1.1.1 物流服务分中心是开封供电公司的下属单位，行使物资管理职能。

3.1.1.2 在开封供电公司的领导下负责全公司物资供应、管理工作。

3.1.2 生产技术部职责：

3.1.2.1 负责生产、大修、技改及城续等项目的管理。

3.1.2.2 负责物资储备仓库建设等小型基建项目的立项审批。

3.1.3 基建部职责：

3.1.3.1 负责公司基建项目计划管理。

3.1.3.2 负责公司基建项目、投资计划项目的管理。

3.1.4 财务部职责：

3.1.4.1 负责物资采购资金的预算管理。

3.1.4.2 负责公司物资采购、监造、配送、仓储等资金审核、拨付及增值税抵扣。

3.1.4.3 负责组织办理结算、核算等工作。

3.1.5 审计部职责：

3.1.5.1 负责对物资工作全过程进行审计监督。

3.1.5.2 负责对公司物资管理工作提供法律保障，负责组织制订公司物资管理有关的统一合同文本。

3.1.6 监察部职责：

3.1.6.1 负责对物资工作中采购环节的开标、评标、定标实施过程监督。

3.1.6.2 负责受理物资工作中的投诉举报。

3.1.6.3 负责对物资工作中的违规违纪问题提出处理意见。

3.1.7 其他职能部门职责：

按职能负责提出本专业相关物资的技术专业标准、储备定额标准，参与相应的物资管理工作。

3.1.8 物资项目单位主要职责：

3.1.8.1 负责提交物资需求计划、进度要求和技术规范书。

3.1.8.2 负责合同的技术谈判和履约过程中的技术问题。

3.1.8.3 负责物资接收、组织验收、资产移交和项目决算。

3.1.8.4 参与物资采购、监造和检验。

3.1.8.5 负责职责范围内的其他有关工作。

3.1.9 物流服务分中心主要职责：

3.1.9.1 负责公司物资供应服务及协调工作。

3.1.9.2 负责公司物资需求计划汇总上报工作。

3.1.9.3　负责公司物资接收检验、储存保管、消耗领用等工作。

3.1.9.4　根据公司要求,负责物资的催交催运、配送仓储、移交验收、现场服务等工作。

3.1.9.5　配合做好物资采购、供应、应急物资管理和废旧物资处置等工作。

3.1.9.6　受公司委托,负责组织零星项目采购工作。

3.2　权限

3.2.1　物流服务分中心的权限:

3.2.1.1　物流服务分中心是开封供电公司物资管理业务的归口管理部门,接受省公司物资部的业务管理,提供物资供应服务,贯彻执行物资管理有关法律、法规、政策及上级文件。

3.3.1.2　负责公司需求物资的催交催运、配送仓储、移交验收、现场服务等履约工作。

3.3.1.3　负责公司物资仓储配送网络建设,库存物资和应急储备物资的日常管理;负责公司直辖仓库仓储物资的出入库手续和库存储备物资的配送。

3.3.1.4　负责与物资需求部门/单位核对物资调拨接收情况,开展物资核算工作,配合物资结算工作。

3.3.1.5　配合公司物资部开展需求计划汇总、信息收集、供应商资信调查等工作。

3.3.1.6　实施公司废旧物资处置。

3.2.2　局长有权调整和变更物资需用计划。

3.2.3　总经济师有权参与和审查订货及加工承揽合同。

3.2.4　总会计师有权审定材料成本开支,有权对物价进行审查和监督。

3.2.5　总工程师的权限:

3.2.5.1　有权参与和审查订货和加工承揽合同,并有权制止技术淘汰、不讲经济效益的经济合同。

3.2.5.2　有权就物资验收、设备材料的试验、保管保养工作进行技术监督。

3.2.5.3　有权按质量保证大纲对影响检修质量的材料、设备、备品备件采取控制和验收。

3.2.6　财务部门的权限:

3.2.6.1　有权对物资订货、采购、加工计划、采购供应的价格、资金的使用等项执行的情况进行检查。

3.2.6.2　有权参与修订物资储备定额,并监督执行。

3.2.6.3　有权对违反物资订货、采购和加工统一归口管理的单位,发生自行采购和加工时,拒绝付款。

3.2.7　生产技术部的权限:

3.2.7.1　有权对物资的订货采购、加工进行技术指导,纠正不符合项管理程序。

3.2.7.2　有权对事故备品的管理进行监督。

3.2.8　基建部的权限:

3.2.8.1　有权对物资的订货采购、加工进行技术指导,纠正不符合项管理程序。

3.2.8.2　有权对事故备品的管理进行监督。

4 管理内容与方法

4.1 物资计划管理

4.1.1 依据《开封供电公司物资计划管理办法》,利用 ERP 等信息化软件,确保计划报送及时、准确、完整,避免计划错报、漏报、重报及临时补报现象发生。

4.1.2 物资计划管理包括物资需求计划、物资采购计划、资金计划和统计分析等工作。物资计划管理应遵循“统筹安排、及时准确、集中平衡、规范高效”的原则,统一归口管理,分级分口负责。

4.1.3 物资需求计划是指对物资需求计划的编制、审批、执行、检查等全过程的管理。项目单位应组织对物资需求计划及技术规范书初审,公司物资部定期组织项目主管部门对物资需求计划进行审核。

4.1.4 物资需求计划应要素齐备,报送及时,物资管理部门对物资需求计划的准确性、及时性和完成情况进行统计分析和检查。

4.1.5 物资需求计划按以下要求管理:

4.1.5.1 物资需求部门/单位根据年度投资计划、生产计划、经营计划等,按照物资计划编制的有关规定提出物资需求计划,报物流服务分中心经内部初审后,送项目主管部门审核,公司物资部委托公司物流服务分中心汇总,定期组织专题会议审核。

4.1.5.2 公司物资部汇总后的物资需求计划,经平衡利库后组织采购,属国家电网公司集中规模采购的物资需求计划上报国家电网公司物资部,属省公司集中采购的形成物资采购计划。

4.2 物资采购管理

4.2.1 公司物资采购活动必须严格遵循国家有关招投标法律法规、国家电网公司及省公司招标采购规章制度,坚持“公开、公平、公正、诚实信用”的原则,维护平等竞争的市场秩序。

4.2.2 公司物资采购包括招标和非招标两种采购方式。针对不同设备材料采取适当的采购策略。坚持以集中招标采购为主,实行集中规模招标、框架招标采购,建立统一的招标采购平台,推进集约化管理、规范化运作。

4.2.3 除国家电网公司集中规模招标采购及省公司物资部组织实施采购外,公司受省公司物资部委托招标代理机构按照规范化流程,具体办理招标采购事宜。

4.2.4 对不具备公开招标条件采取邀请招标或非招标采购方式的,应履行相关审批手续,并按照有关规定组织实施。

4.2.5 坚持树立采购为生产、基建服务的理念,从全寿命周期成本考虑,坚持以合理价格选择安全可靠、质量优良的产品和服务,保障电网安全稳定运行。

4.3 物资合同管理

4.3.1 物资合同管理应遵守国家的法律、法规、规章及公司相关规章制度。

4.3.2 物资采购合同签订原则上采用“统一归口管理、基层单位会签、集中组织签订、优化工作流程、网上流转审批、提高质量效率、维护公司利益”的合同签订模式。

4.3.3　物资采购合同管理实行承办制度、授权委托制度、审查会签制度和责任追究制度。

4.3.4　物流服务分中心具体办理物资合同签订相关事宜，包括组织物资合同的签订、履行等工作。项日单位负责组织物资合同中的技术协议签订工作。项目主管部门、财务部、法律事务等负责各自职责范围内物资合同中的相关问题。

4.3.5　物资合同应按照公司统一合同文本进行编制，根据采购结果订立。物流服务分中心负责组织有关部门/单位处理物资合同纠纷。

4.3.6　技术协议及商务合同一经签订，具有法律效力，供需双方必须严格遵守。合同执行过程中如出现变更、违约等情况，应严格按照招标文件约定以及合同变更有关程序进行处理。

4.4　采购资金管理

4.4.1　物资采购资金管理是指与物资采购相关的货款、监造费、检验费、运杂费以及采购服务相关费用的资金管理，包括物资采购资金计划管理、物资采购资金使用管理、物资采购资金结算管理等内容。

4.4.2　物流服务分中心根据合同约定及物资到货的计划安排，在每月初编制月度用款计划，经审核后提交财务部。

4.4.3　物流服务分中心负责根据合同约定及供货厂商提交的结算凭证，制作付款申请，编制付款计划，经审核后提交财务部。

4.4.4　物流服务分中心根据物资采购合同和验收单，按项目区分不同资产属性进行物资结算，向物资需求部门/单位移交物资结算资料，物资需求部门/单位并入项目结算，财务部进行项目决算和账务处理。

4.4.5　物流服务分中心取得供应商开具的增值税专用发票，随发票注明采购物资使用项目，交财务部审核确认后，由财务部向税务部门申报抵扣。

4.5　配送管理

4.5.1　配送管理是合同签订生效至合同终止期间的物资配送履约全过程管理，包括催交、催运、集货、分拣、配货、配装、送货、交接、验收、现场服务等工作。

4.5.2　配送管理遵循“确保安全、准时快捷、服务优质、配置优化”的原则。物流服务分中心负责组织、协调、实施所辖区域物资配送工作。

4.5.3　物流服务分中心按照合同交货要求，与项目单位之间责任分工，相互支持，密切配合，保证物资安全、及时到位。

4.5.4　配送物资到达现场后，物资项目单位与物流服务分中心办理交接，并及时组织相关单位进行验收，办理移交手续。

4.5.5　配送物资原则上实行“四单制”。物资到达现场后，供应商提供配送单，物资项目单位与物流服务中心办理交接，并及时组织相关单位进行验收，办理验收单。投运前由物流服务分中心、建设单位共同办理投运单。质保期结束，由生产运行部门负责办理质保单。验收单、投运单、质保单均对供应商合同履约情况进行评价，凭单办理付款手续。

4.5.6　物流服务分中心负责协调供应商完成指导安装、技术服务、消缺补件等现场服务工作。物资项目单位应提供必要条件，配合物资配送、现场服务工作。

4.6 仓储管理

4.6.1 仓储管理包括物资入库验收管理、物资保管保养管理、物资出库管理和物资盘点管理等。

4.6.2 仓储管理遵循“合理储备、加快周转、保质可用、永续盘存”的原则。

4.6.3 制定完善的库存物资安全、维护保养、资料管理以及仓库人员岗位职责等规章制度,规范物资验收、保管、出入库、稽核盘点等工作流程。

4.6.4 物流服务分中心应定期盘点,按要求将库存信息报省公司物资部,并将相关信息录入 ERP,做到账、卡、物相符。

4.6.5 物流服务分中心根据库存物资报废标准向公司生技部提出报废物资需求申请,公司生技部组织专业技术主管部门进行技术鉴定,对符合报废标准的物资进行报废处置。

4.6.6 物流服务分中心按照物资储备定额标准实施采购,负责定额储备物资的仓储,并根据定额储备物资耗用情况反馈物资储备信息。

4.7 应急物资管理

4.7.1 应急物资管理是指为保障抢险救援的需要,提高公司应急物资供应保障能力开展的物资管理活动。

4.7.2 公司建立以实物储备、协议储备和动态周转储备相结合的应急储备体系。公司物资部管理实物储备物资和协议储备物资,掌握动态周转物资信息,保障应急救援物资供应。

4.7.3 公司应急物资储备按照“统筹管理、科学分布、综合储备、统一调配、实时信息”的原则建设。

4.7.4 物流服务分中心根据应急中心下达的应急物资需求指令统一调配应急物资,在储备物资无法满足需求的情况下,进行紧急采购。

4.8 废旧物资处置管理

4.8.1 废旧物资处置实行“统一管理、合理利用、集中处置”的原则。

4.8.2 废旧物资处置主要分为再利用和报废变卖处理两种方式,并坚持“先利用,后变卖”的原则。

4.8.3 公司物资部建立健全废旧物资处置管理制度,规范业务流程并组织实施。

4.8.4 废旧物资处置按以下要求进行管理:

4.8.4.1 物资使用部门或仓库提出物资报废申请。

4.8.4.2 技术主管部门进行技术鉴定,确定处置方式。

4.8.4.3 物流服务分中心根据确定的处置方式,按照批准的报废申请,集中处置废旧物资。

4.8.4.4 固定资产管理部门按相关规定进行处置。

4.9 信息管理

4.9.1 物资信息管理包括物资管理过程中的信息采集、信息交换、信息共享、信息查询、信息处理、分析决策等内容。

4.9.2 以成熟套装软件(ERP)为基础,结合分析决策工具,建设集成贯通的物资管理业务应用，实现物资管理信息共享，强化物资管理流程标准化，为公司物资集约化管理提供信息技术支持。

4.9.3　物流服务分中心按照责任范围，规范应用信息系统，负责物资管理信息更新维护，保证信息及时、准确。

4.10　统计分析管理

4.10.1　物资统计根据统计报表格式开展，如实及时提供统计资料。按照公司规定物资统计指标体系及统一的物资统计标准采集统计数据，保证统计数据不重复、无遗漏。物资统计以定期报表为主，以快速调查、抽样调查、重点调查、典型调查为补充。

4.10.2　物资统计资料统一管理，对系统内有关部门公布。

4.10.3　建立物资统计档案管理制度，按档案管理规定做好统计资料立卷、归档、交接和保管工作，做好统计资料立卷、归档、交接和保管工作。

4.10.4　物资统计分析是公司物资管理的重要内容，物资统计分析人员应充分利用物资统计信息资源，加大物资统计分析工作力度。每月要进行月度物资统计简要分析，每季度要提出季度物资统计分析报告，半年及年底要提出半年及年度物资统计分析报告。遇到重大物资统计问题，可随时提出物资统计分析报告。

5　检查与考核

5.1　检查与考核内容

5.1.1　开封供电公司物流服务分中心负责本公司所属各单位物资需求计划、应急物资、废旧物资等管理工作的检查、监督和考核，并提出奖惩意见。

5.1.2　考核指标包括需求计划上报、采购配合、履约管理、仓储管理、应急物资管理、废旧物资管理、信息报送、资料归档等。

5.2　主要考核指标

主要考核指标见表1。

表1　主要考核指标汇总

序号	考核指标	评分说明	标准分
一	需求计划上报		20
1	计划上报规范	按照省公司关于计划上报的流程规定及纳入ERP管理的项目物资需求通过ERP上报	
2	计划上报及时	上报计划时必须考虑产品的合理供货周期和招标采购所需的时间	
3	计划内容准确	计划需求数量准确（材料类产品可以容许一定的误差：±10%）	
二	采购配合		25
1	技术规范标准化	采用标准的技术规范范本，无范本的不做要求	

续表1

序号	考核指标	评分说明	标准分
2	技术规范正确	主要技术参数不得有误	
3	评标专家按要求参加评标	被抽取的专家应按时、按要求报到并完成评标工作,遵守评标纪律	
4	技术协议及时签订	在集中签约会议前或按照物资部要求完成技术协议的签订工作	
5	采购行为规范	受省公司委托组织采购或零星采购均应程序合法,过程规范	
三	履约管理		20
1	及时处理履约问题和上报重大履约问题	及时处理日常履约的问题,重大问题和履约风险及时书面反馈物流服务中心	
2	及时办理结算凭证	及时办理供货商的到货款、投运款、质保金等结算凭据	
3	及时验收	按合同要求及时组织到货物资的验收工作	
四	仓储管理		15
1	制度建设	基本仓储管理制度健全	
2	账卡物相符	抽查样品,核对相符情况	
3	按要求保管保养物资	抽查样品,核对保管保养情况	
五	应急物资管理		5
1	应急物资信息准确	定期盘点,及时更新库存物资信息,保证信息准确	
2	应急配合	发生应急情况时,积极配合完成应急任务	
六	废旧物资管理		5
1	废旧物资处置规范	根据省公司废旧物资管理规定规范处置,做到过程记录完整、审批有序	
七	信息报送		5
1	信息报送及时	按照信息报送规定或根据省公司要求及时报送信息报表	
2	信息报送准确	认真核对无误后上报,保证信息准确	
八	资料归档		5
1	资料归档	按照档案管理办法,及时归档相关资料,保证资料的完整性和正确性	
	合计		100

物资需求计划管理标准

Q/GDW1714 2100102—2010

前 言

本标准为规范开封供电公司物资需求计划管理而制定。

本标准中的附录 A 规范性附录。

本标准由开封供电公司标准化建设委员会提出并归口。

本标准由开封供电公司标准化建设办公室组织起草编制。

本标准起草人:侯鲁燕

本标准编审组审核人: 稽建国

本标准专业审核人:稽建国

本标准标准化建设办公室审核人:胡昆岭　郑罡　高鑫　张白　朱峰　高付良　申文琰　周世华

本标准审定人: 郭亚

本标准批准人: 郑盾

本标准由开封供电公司标准化建设委员会委托物流服务分中心负责解释。

本标准首次发布。

1　范围

本标准规定了开封供电公司物资需求计划管理工作的管理职责、管理内容与方法。

本标准适用于开封供电公司物资需求计划管理工作。

2　规范性引用文件

下列文件中的条款通过本标准的引用而成为本标准的条款。凡是注日期的引用文件,其随后所有的修改单(不包括勘误的内容)或修订版均不适用与本标准,然而,鼓励根据本标准达成协议的各方研究是否可使用这些文件的最新版本。凡是不注日期的引用文件,其最新版本不适用与本标准。

《中华人民共和国合同法》　(1999 年 3 月 15 日第九届全国人民代表大会第二次会议通过)

《中华人民共和国统计法》　(1983 年 12 月 8 日第六届全国人民代表大会常务委员会第三次会议通过,根据 1996 年 5 月 15 日第八届全国人民代表大会常务委员会第十九次会议《关于修改〈中华人民共和国统计法〉的决定》修正)

《河南省电力公司物资计划管理办法》

《开封供电公司物资计划管理标准》

3 职责与权限

3.1 主管领导

负责审批和签发重大项目、重大工程和重大变更的物资计划。

3.2 相关领导

管理副总经理负责对物资计划管理工作进行监督和指导;总会计师负责对物资的资金占用、采购成本、财经纪律进行审查和指导;副总工程师负责对重要设备订货的技术协议和验收标准进行审查和指导,负责事故备品的入库和出库的审批,负责对物资管理工作中其他技术问题进行审查和指导,按质量保证大纲的规定对物资管理程序进行指导和监督。

3.3 省公司物资部

3.3.1 负责制定省公司物资计划管理规章制度和办法。

3.3.2 负责省公司物资计划管理工作。

3.3.3 负责制定省公司物资采购策略。

3.3.4 负责地市公司年度物资需求预测管理,制定地市公司年度物资招标采购方案。

3.3.5 负责汇总地市公司物资需求计划,组织地市公司月度物资需求计划审查会。

3.3.6 负责制定国家电网公司集中规模招标采购外的物资采购计划,确定采购方式,并组织实施。

3.3.7 负责地市物资供应信息统计分析工作。

3.3.8 负责对地市公司物资计划管理工作进行指导、监督、检查和考核。

3.4 省公司物流服务中心

3.4.1 受省公司物资部委托,负责收集、汇总物资需求计划,进行综合平衡利库。

3.4.2 参加月度物资需求计划审查会。

3.4.3 收集汇总地市及以下供电公司物资信息的统计、分析、整理,上报省公司物资部。

3.5 省公司项目管理部门

3.5.1 负责审核各地市单位项目管理部门根据年度固定资产投资计划、综合计划、项目施工工期、投运时间等情况,调整、审核管理范围内的项目物资需求计划。

3.5.2 负责协调、督促、审批各基层单位上报的物资需求计划和采购预算。

3.5.3 负责提出本专业相关设备、材料的技术专业规范,参加招标文件审查等重要节点活动。

3.5.4 负责审核物资的需求计划、技术专业标准、技术文件(技术条件书、图纸等),组织编制招标技术规范书。

3.5.5 参加月度需求计划审查会,确认各类物资需求计划。

3.6 物流服务分中心

3.6.1 物流服务分中心是物资计划工作的归口管理部门,负责制定公司物资计划管理的相关制度及办法。

3.6.2 负责公司物资需求计划的汇总、审核、分析、考评等工作。

3.6.3 负责制定国家电网公司、省公司集中规模招标采购范围以外的物资采购计划,并组织实施。

3.6.4 负责制定省公司委托本单位实施物资的采购计划,并组织实施。

3.6.5 负责开封供电公司物资需求计划汇总,组织本单位月度物资需求计划审核会、上报本单位物资需求计划。

3.6.6 负责开封供电公司物资信息的分析、整理、上报工作。

3.7 公司项目管理部门

3.7.1 负责公司年度需求计划、综合计划的编制、调整、批复、项目施工工期、投运时间等情况,调整、审核管理范围内的项目物资需求计划。

3.7.2 负责组织修订事故备品定额,有权对事故备品的管理进行监督。

3.7.3 负责审批签发项目物资需求计划表。

3.7.4 负责在技术方面协助物流服务分中心协调、督促、审批各基层单位上报的物资需求计划和采购预算。

3.7.5 负责向物流服务分中心提供年度大修工程、技术改造和专项工程计划以及有关技术资料、图纸。

3.7.6 项目管理部门对工程设计单位提出使用物资采购标准、提供物资采购清册等要求,为物资需求部门编制需求计划创造条件。

3.7.7 各项目主管部室负责协调、督促、审批各基层单位上报的物资需求计划和采购预算。

3.7.8 参加招标文件审查等重要节点活动,负责提出本专业相关设备、材料的技术专业规范。

3.7.9 负责审核物资的需求计划、技术专业标准、技术文件(技术条件书、图纸等),组织编制招标技术规范书。

3.7.10 参加月度需求计划审查会,确认各类物资需求计划。

3.8 物资需求部门

3.8.1 负责大修、技改工程和生产维修以及专项工程的物资需用计划明细表的编制和传递。

3.8.2 负责提供重要设备的有关项目批复资料、技术资料、图纸和推荐厂家等。

3.8.3 负责提出本部门、单位的物资需求。

3.8.4 负责提出本部门、单位物资需求的技术规范。

3.8.5 其他单位按统一物资计划管理要求,开展本单位物资计划管理工作。

4 管理内容与方法

4.1 物资需用计划的编制

4.1.1 各物资需用部门编制的物资需用计划应依据规范的物资名称 、型号、规格和表式进行编制。

4.1.2 物资需用计划通常应在落实项目名称、项目编号、项目资金、设计图纸和施工单位的前提下进行提报。

4.1.3 需要指定生产厂家和特定牌号的物资必须明确注明。重要物资应推荐三家以上生产厂商供参考。

4.1.4 35千伏以上项目,报计划时应提供项目批复、项目概算、设计图纸和技术规范书。

4.1.5 重要物资报计划时也应提供设计图纸和技术规范书

4.1.6 需要随主机配套的配件、附件,必须与主机同时提报。

4.1.7 各物资需用部门提报的物资需用计划应经生技部、财务部和主管部门领导签批后报物资分公司。

4.1.8 重大项目或重点工程的重大变更和追加的物资需用计划须经分管局长批准。

4.1.9 各部门因项目增减或设计变更须调整原物资需用计划,须由原主管部门提出修正计划,经原审批部门签批后执行。因计划变更造成损失或物资积压,由变更部门负责。

4.1.10 生产维护需用物资于每月20日前一次性提出下月物资需用计划明细表,经本部门主管签字后报送物资分公司。

4.1.11 一般性物资需用计划按实际领用日期至少提前20天报物资分公司,重要设备和大宗物资需用计划按实际领用日期至少提前50天报物资分公司,大型设备按生产周期时间提报。

4.1.12 施工剩料的退料计划由施工单位编制,应提供退料物资在领料时对应资料,以便冲减账目。

4.1.13 更换下来的废旧物资,退料单位应登记造册,按清册明细清点移交仓库。

4.2 计划的组织实施

4.2.1 物资分公司收到物资需用计划后,在5天内对该计划进行审核完毕,并下达批复意见。

4.2.2 根据批准的需用计划或设计清册,在核实型号、规格和需用量以后,编号整理,分类汇总。

4.2.3 平衡库存。

4.2.4 编制上报计划,整理上报采购资料。

4.2.5 编制订货、采购、加工计划。

4.2.6 制定议标或询价方案。

4.2.7 大型物资在我方负责运输时,物资分公司应制定运输计划。

4.2.8 依据物资供应计划,物资分公司按项目竣工日期和项目的轻重缓急组织物资资源的催交、催运,组织供应调配。

4.2.9 执行物资供应计划的同时,必须组织物资供应计划平衡台账的登记,以及反映物资供应计划的执行情况,进行计划与实际的比较,计算计划供应的准确率并进行单项工程核算。

4.3 计划执行的检查

4.3.1 未按规定权限进行审批,越权处理的计划,属于哪一级的权限,由哪一级进行处理。长时间(一个季度以上)处于失控状态时,应同时追究有审批权限人和经办人员的责任。

4.3.2　因计划未按规定要求提报，规格型号不祥，资料不全等，应予以退回。由此造成的损失，由责任人负责。

4.3.3　未按规定时限完成物资供应任务的，按耽误时间的长短、造成经济损失的大小来追究当事人和分管领导的责任。

4.3.4　因漏报、错报、虚报而造成经济损失的，应追究当事人的责任。

4.3.5　应进行集中统一采购的用户工程物资、办公设备、批量器材等，而施工单位自行采购或大包给社会工程队进行采购的，应追究经办人员的责任。

4.3.6　应回收上缴的工程旧料，私自隐匿、截留、变卖造成损失的，应追究当事人的责任。

5　检查与考核

5.1　检查与考核内容

参照河南省电力公司对各地市供电公司同业的考核办法进行考核。

5.2　主要考核指标

表1列出了主要考核指标。

表1　主要考核指标

序号	考核指标	考核标准	负责岗位	所属部门	监督部门
1	物资计划合格率	物资计划合格率 = 计划及时率 ×0.5 + 计划准确率 ×0.5 计划及时率 = ∑批次计划及时率/∑批次数 计划准确率 = ∑批次计划准确率/∑批次数 批次计划及时率 =（1 – 计划申报截止时间后补报条目数/批次计划上报总条目数）×100% 批次计划准确率 =（1 – 批次计划修改条目数/批次计划上报总条目数）×100%	物资管理	物流服务分中心	省公司物资部、公司发展策划部
2	物资计划内采购率	物资计划内采购率 = 物资需求计划内采购率 ×0.5 + 年度物资需求计划内采购率 ×0.5 物资需求计划内采购率 =（1 – 计划外采购金额/采购总金额）×100% 年度物资需求计划内采购率 =（1 – 年度计划外采购金额/采购总金额）×100%	物资管理	物流服务分中心	省公司物资部、公司发展策划部

6 报告与记录

表2列出了执行本标准形成的报告与记录。

表2 物资需求计划管理报告与记录汇总表

序号	报告与记录编号	报告与记录名称	填写人	保存地点	保存形式	保存期限
1	Q/GDW1714 2100102—2010－R01	内部超期计划申请单	物资管理	物流服务分中心	纸质文本	长期
2	Q/GDW1714 2100102—2010－R02	物资需求计划内部变更单	物资管理	物流服务分中心	纸质文本	长期
3	Q/GDW1714 2100102—2010－R03	未经物流服务分中心归口管理工程物资处理申请表	物资管理	物流服务分中心	纸质文本	长期
4	Q/GDW1714 2100102—2010－R04	非标物资上报计划申请单	物资管理	物流服务分中心	纸质文本	长期
5	Q/GDW1714 2100102—2010－R05	不能参加评标工作情况说明表	物资管理	物流服务分中心	纸质文本	长期

附录 A
（规范性附录）
物资需求计划管理流程

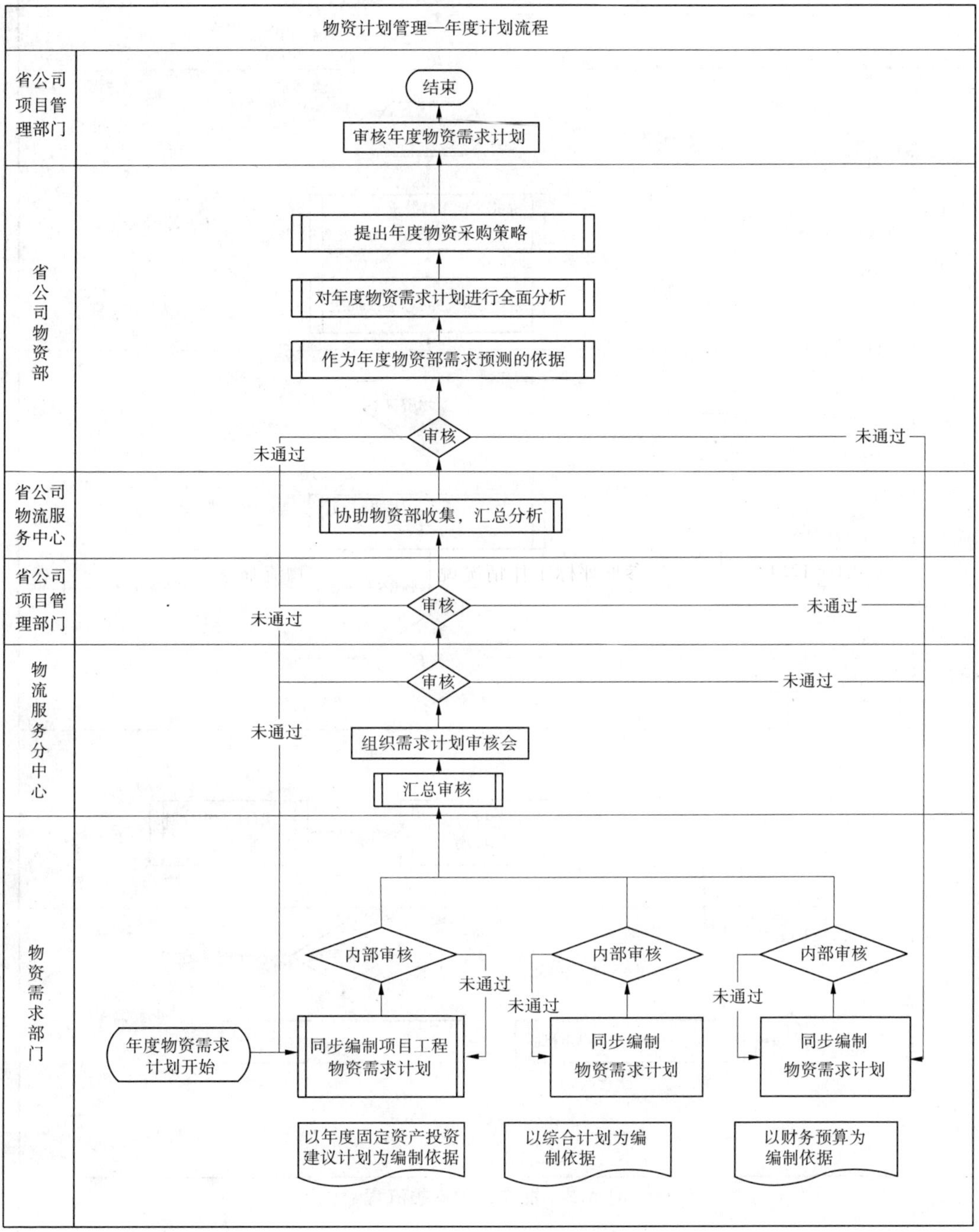

图 A.1　物资计划管理流程

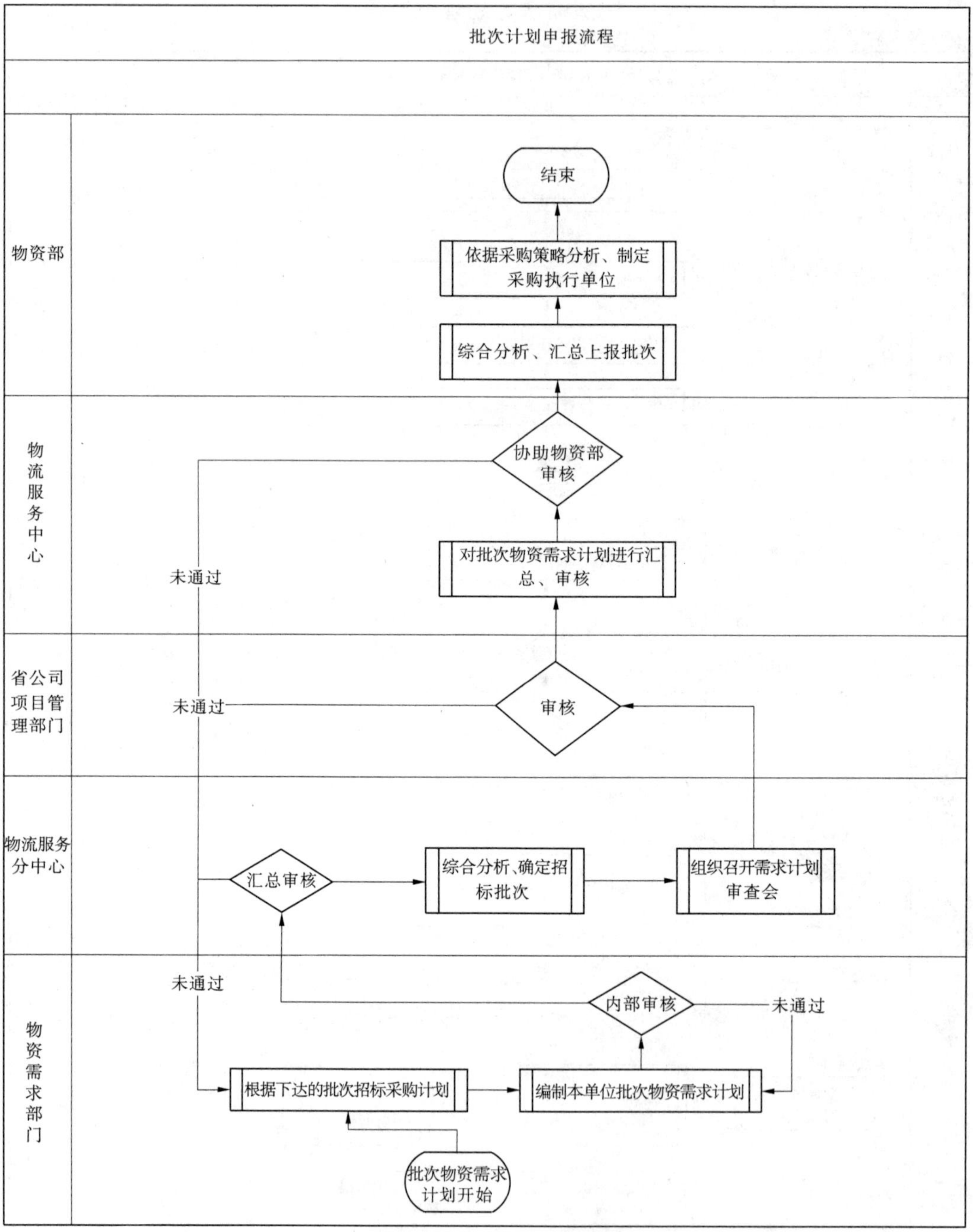

图 A.2　批次计划审报流程

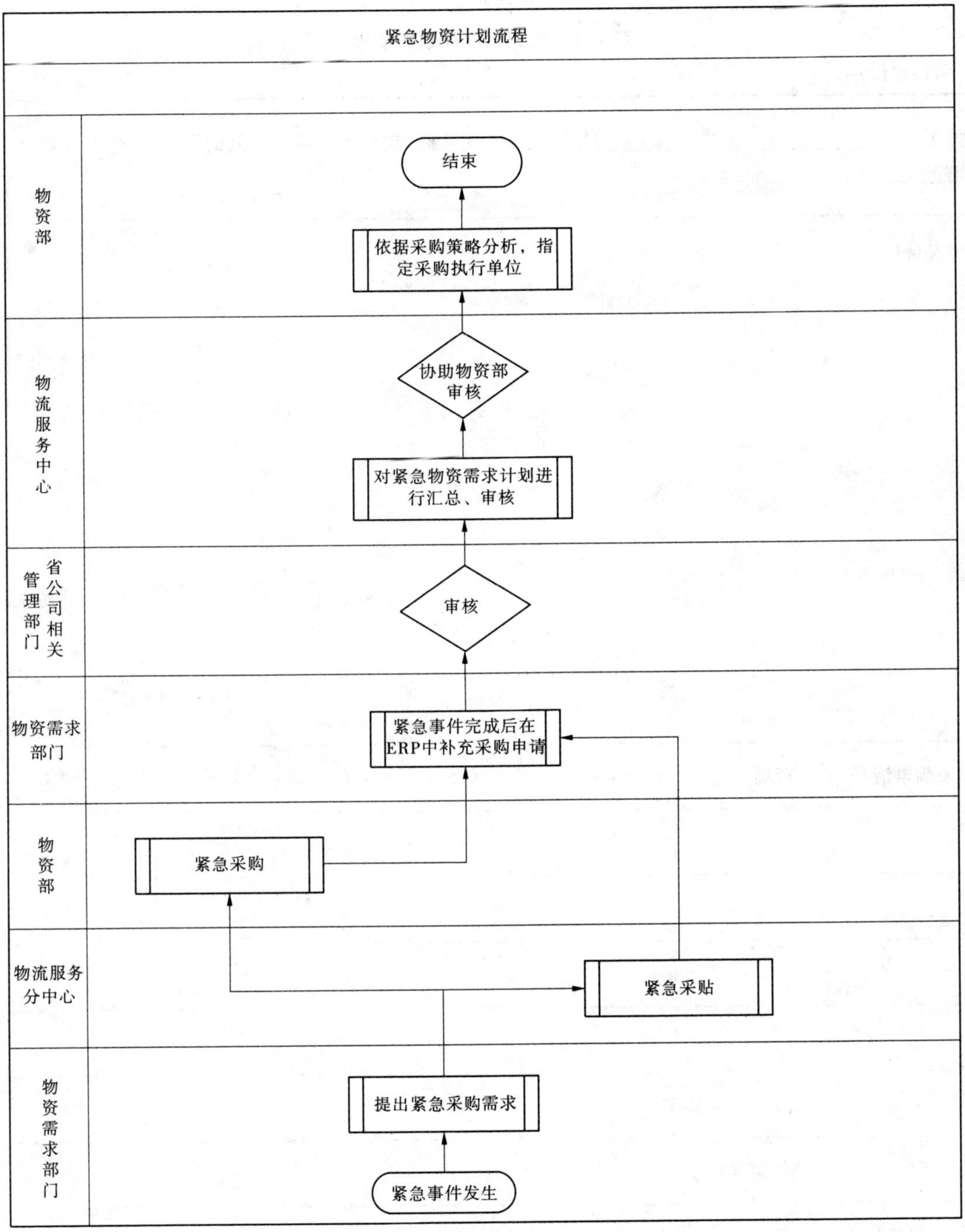

图 A.3　紧急物资计划流程

附录 B
（规范性附录）
表格样式

表 B.1　内部超期计划申请单

项目单位：　　　　　　　　　　　　　　　　　　　　　　　　　________年____月____日

关于：________________________（招标批次名称）超期物资需求计划的审请单，超时计划申请________条。						
情况说明：						
采购申请号	行项目号	物料描述	数量	单位	交货期	项目描述
（　　　　　　部）申报人签字：						
（　　　　　　部）领导签字：						
物流服务分中心负责人：						
公司主管物资领导：						

表 B.2 物资需求计划内部变更单

项目单位：　　　　　　　　　　　　　　　　　　　　　　　　　　　　＿＿＿＿年＿＿月＿＿日

变更单类型：公司需求计划审核会时变更□　　公司需求计划审核会后变更□	
主管部门：	
变更项目名称（ERP 项目描述）：	WBS 编码（ERP 中 WBS 编码）：
变更原因：	需求部门：
	需求部门领导：
	物流服务分中心领导：
	物流服务分中心需求计划专责：
变更操作：　　修改（ERP 线上）	

修改前采购申请号、行项目号	修改后采购申请号、行项目号	修改字段	修改前	修改后	技术规范书文件名

变更操作：　　删除（ERP 线上、线外）线外计划可不填采购申请号、行项目号

采购申请号	行项目号	物料编码	物料描述	数量	技术规范书文件名

表 B.3　未经物流服务分中心归口管理工程物资处理申请表

<table>
<tr><td>项目描述（必填）</td><td>采购申请号（必填）</td><td>行项目号（必填）</td><td>物料描述（必填）</td><td>数量（必填）</td><td>单位（必填）</td><td>实际交货日期（必填）</td><td>实际采购金额（必填）</td><td>补录招标批次编号（按补录批次及编号表填写）（必填）</td><td>是否报省公司批复（必填）</td><td>零采批复函号（必填）</td><td>是否能提供采购资料（采购方案等过程文件）（必填）</td><td>其他情况</td></tr>
<tr><td></td><td></td><td></td><td></td><td></td><td></td><td></td><td></td><td></td><td></td><td></td><td></td><td></td></tr>
<tr><td></td><td></td><td></td><td></td><td></td><td></td><td></td><td></td><td></td><td></td><td></td><td></td><td></td></tr>
<tr><td></td><td></td><td></td><td></td><td></td><td></td><td></td><td></td><td></td><td></td><td></td><td></td><td></td></tr>
<tr><td colspan="4">填报人员签字：</td><td colspan="4">项目管理部门负责人签字：</td><td colspan="5">物流服务分中心负责人签字：</td></tr>
<tr><td colspan="7">公司主管物资领导签字：</td><td colspan="6">项目管理部门（签章）：
年　月　日</td></tr>
</table>

表 B.4　非标物资上报计划申请单

项目单位：　　　　　　　　　　　　　　　　　　　　　　　　　　________年____月____日

关于：______________________________（招标批次名称）非标物资需求计划的审请单，非标计划申请________条。

情况说明：

采购申请号	行项目号	物料描述	数量	单位	交货期	项目描述

（　　　　　　部）申报人签字：

（　　　　　　部）领导签字：

物流服务分中心负责人：

公司主管物资领导：

表 B.5　不能参加评标工作情况说明表

<table>
<tr><td>姓名</td><td></td><td>性别</td><td></td><td>部门</td><td></td><td>职务</td><td></td><td>职称</td><td></td></tr>
<tr><td colspan="10">不能参加评标工作的原因：</td></tr>
<tr><td colspan="10"></td></tr>
<tr><td colspan="2">公司主管物资
领导签字：</td><td colspan="2"></td><td colspan="2">部门主管
领导签字：</td><td></td><td>本人
签字</td><td colspan="2"></td></tr>
<tr><td colspan="5">年　　月　　日</td><td colspan="5">盖章(物流服务分中心)</td></tr>
<tr><td colspan="10"></td></tr>
</table>